ヒューマンインタフェース

志堂寺 和則 著

コロナ社

まえがき

　昔に比べるとずいぶんと使いやすくなったなあと思うモノがたくさんある。その一方で，あまりの使い勝手の悪さに途中で使うのをやめたモノや，なんとかならないものかと愚痴をこぼしながらも仕方なく使っているモノもいまだにある。このような差を生む原因の一つが，ヒューマンインタフェース設計におけるユーザ（利用者）に対する配慮の違いである。ヒューマンインタフェースとは，モノと人間の境界部分のことである。広く捉えるならば，モノには道具や機械，コンピュータなどあらゆる人工物が含まれる。この境界部分の設計において，使う人のことをよく考えて設計しているか，ユーザに使ってもらってその意見を反映しながら設計しているかが，決定的な違いとなる。

　本書は，高等専門学校や大学，大学院で使用する教科書として執筆した。筆者は，勤務校において長らくヒューマンインタフェースに関する授業を担当しているが，授業で使いたいと思うような手頃な教科書がなかったのが本書執筆のきっかけである。もちろん，良書はたくさんある。しかし，筆者のわがままなこだわりの性格のせいか，教えたいという内容にもっと合ったものがほしいという思いであった。

　受講学生は工学系の学生であり，学生たちは，機械やコンピュータについては他の授業でいろいろと学んでいて，そこそこの知識を持っている。しかし，多くの工学系の学生にとって，人間の特性について学習する機会はほとんどない。大学の場合は低年次に人間科学に関する授業を取ることもあるであろうが，その時は，その授業が自分の専門とどう関わるのかがイメージできないこともあり，高年次や大学院の学生の記憶にはほとんど残っていない。筆者は，人間の心の働きについても知った上で，ヒューマンインタフェース開発の勉強をしてもらいたいと考えている。授業ではこれまで図表を掲載した資料を配布していた。しかし，そういった資料だけでは学生は十分に理解することができないのではないか，やはり授業の後で読み直したりすることができる教科書が必要ではないかと思うようになり，授業で話していることを中心にまとめたのが本書である。

　1章では導入としてヒューマンインタフェースについての概説を行った。前半ではヒューマンインタフェースとはなにかについて説明し，後半ではヒューマンインタフェースと関わりが深い領域についてごく簡単に紹介した。

　2章から4章が人間の心の働きについて説明した章である。ここでは心理学の知見が中心となっている。近年，脳科学が急速に進展してきており，脳の働きについてはたくさんの興

味深い話がある。しかし，授業時間（15回）を考慮し，本書では脳の働きに関する説明は割愛した。2章は感覚知覚について説明した。通常のヒューマンインタフェースでは，視覚が情報を受け取るための最も重要な感覚であるため，視覚に関する説明に多くを割いた。

3章は学習，記憶，注意，思考といった心の知的な機能について紹介した。また，人間の知的な機能がうまく働かない場合に生じるヒューマンエラーやその対策についても説明した。4章は人間の知的機能を支える基盤である，動機づけと感情について記した。

5章と6章は，ヒューマンインタフェースを設計するときに直接的に必要となる事項を扱っている。5章では，現代のヒューマンインタフェース設計の考え方や規格を紹介した。最初にユーザビリティ，アクセシビリティ，ユーザエクスペリエンスという三つの概念について説明し，その後に人間中心設計と呼ばれる，ヒューマンインタフェース設計において現在最もよく使われている設計方法について紹介した。その後，少し流れが変わるが，色の表し方と配色理論について触れた。5章の最後にはヒューマンインタフェースと関連するJIS規格，ISO規格のおもなものについて記した。最後の6章ではユーザ調査からユーザテストまでの開発の各段階で使われる具体的な手法のいくつかについて解説した。

本書を読むことでヒューマンインタフェースに関する学生の理解が深まることがあれば，執筆の目的を達したことになり，筆者にとって嬉しい限りである。教科書を出版したいという筆者の希望を叶えてくださったコロナ社に深く感謝を申し上げたい。

2019年6月

志堂寺　和則

目　　　次

1章　ヒューマンインタフェース概説

1.1　ヒューマンインタフェース··1
　1.1.1　用　　　語　1
　1.1.2　ヒューマンインタフェースの捉え方　2
1.2　広義のヒューマンインタフェース··4
　1.2.1　ノーマンの七つの原則　4
　1.2.2　標　準　化　8
1.3　狭義のヒューマンインタフェース··9
　1.3.1　これまでの変遷　9
　1.3.2　今後の展開　9
1.4　関　連　領　域···11
　1.4.1　人　間　工　学　11
　1.4.2　心　理　学　11
　1.4.3　コンピュータサイエンス　12
　1.4.4　認　知　工　学　12
　1.4.5　感　性　工　学　12
課　　　題···13
推　薦　図　書···13

2章　人間の感覚知覚

2.1　感覚に関する法則··14
　2.1.1　ウェーバーの法則，フェヒナーの法則　14
　2.1.2　スティーブンスのべき法則　15
2.2　視覚系（眼球）の構造と機能··16
2.3　明るさの知覚··18
　2.3.1　比視感度（分光視感効率）　18
　2.3.2　錯　　　視　19
　2.3.3　恒　常　現　象　19
　2.3.4　対　比，同　化　20

2.4 形と大きさの知覚 ……………………………………………… 20
- 2.4.1 図 と 地 20
- 2.4.2 知覚的体制化 21
- 2.4.3 錯 視 22
- 2.4.4 恒 常 現 象 24
- 2.4.5 形 の 補 完 25
- 2.4.6 形がもたらすイメージ 26

2.5 奥 行 の 知 覚 ……………………………………………… 27
- 2.5.1 単眼視情報手がかり 27
- 2.5.2 両眼視情報手がかり 28

2.6 運 動 の 知 覚 ……………………………………………… 28
- 2.6.1 仮 現 運 動 28
- 2.6.2 運 動 残 効 29
- 2.6.3 誘 導 運 動 29

2.7 色 の 知 覚 ……………………………………………… 29
- 2.7.1 色覚説, 色の見え方 29
- 2.7.2 色 覚 異 常 30
- 2.7.3 色の見えやすさ 31
- 2.7.4 錯 視 31
- 2.7.5 恒 常 現 象 32
- 2.7.6 対比, 同化, 面積効果 32
- 2.7.7 色がもたらすイメージ 32

2.8 聴覚系(耳)の構造と機能 ……………………………………… 33

2.9 音 の 知 覚 ……………………………………………… 34
- 2.9.1 音 の 大 き さ 34
- 2.9.2 音 の 高 さ 36
- 2.9.3 音 色 37
- 2.9.4 音源方向と距離 37
- 2.9.5 錯 聴 38

2.10 マルチモーダル知覚 …………………………………………… 38

課 題 ……………………………………………………………………… 39

推 薦 図 書 ………………………………………………………………… 39

3章 人間の知的機能

3.1 学 習 ……………………………………………………… 40
- 3.1.1 条 件 づ け 40

  3.1.2　運動技能学習　41
  3.1.3　学習プロセス　42
 3.2　動作に関する法則………………………………………………………43
  3.2.1　ヒック-ハイマンの法則　43
  3.2.2　フィッツの法則　44
  3.2.3　練習のべき法則　44
 3.3　記　　　　　憶…………………………………………………………45
  3.3.1　記憶の過程　45
  3.3.2　貯蔵モデル　46
  3.3.3　ワーキングメモリ　48
 3.4　注　　　　　意…………………………………………………………49
  3.4.1　受動的注意，能動的注意　49
  3.4.2　選択的注意　49
  3.4.3　注意資源理論　50
  3.4.4　空間的注意　51
  3.4.5　干渉現象　52
 3.5　思　　　　　考…………………………………………………………52
  3.5.1　ヒューリスティックス，バイアス　52
  3.5.2　演繹的推論　53
  3.5.3　帰納的推論　54
  3.5.4　類　　　　　推　54
  3.5.5　アブダクション　56
  3.5.6　創造的思考　56
 3.6　ヒューマンエラー………………………………………………………57
  3.6.1　分　　　　　類　57
  3.6.2　原　　　　　因　59
  3.6.3　対　　　　　策　60
 3.7　認知実行に関するモデル………………………………………………62
  3.7.1　TOTE　62
  3.7.2　行為の7段階モデル　62
  3.7.3　SRK モデル　63
  3.7.4　モデルヒューマンプロセッサ　64
課　　　　　題…………………………………………………………………65
推　薦　図　書…………………………………………………………………65

4章　人間の情意的機能

4.1 動機づけ……………………………………………………………………66
 4.1.1 欲求階層説　66
 4.1.2 外発的動機づけ，内発的動機づけ　68

4.2 感　情………………………………………………………………………70
 4.2.1 起　源　説　70
 4.2.2 次　元　説　70
 4.2.3 基本感情説　71
 4.2.4 表　情　73

課　題……………………………………………………………………………74
推薦図書…………………………………………………………………………74

5章　インタフェース開発の考え方

5.1 ユーザビリティ……………………………………………………………75
 5.1.1 スモールユーザビリティ　75
 5.1.2 ビッグユーザビリティ　77

5.2 アクセシビリティ…………………………………………………………80
 5.2.1 アクセシビリティ対応　80
 5.2.2 情報アクセシビリティ，ウェブアクセシビリティ　81

5.3 ユーザエクスペリエンス…………………………………………………82
 5.3.1 ユーザエクスペリエンスの流れ　82
 5.3.2 ユーザエクスペリエンスの考え方　83

5.4 ユーザ中心設計，人間中心設計…………………………………………86
 5.4.1 ユーザ中心設計，人間中心設計の考え方　86
 5.4.2 人間中心設計　89

5.5 色の表現と配色……………………………………………………………91
 5.5.1 色の三属性　91
 5.5.2 混　色　92
 5.5.3 マンセル表色系　93
 5.5.4 PCCS 表色系　94
 5.5.5 CIE 表色系　95
 5.5.6 CMYK 表色系　96
 5.5.7 オストワルト表色系　96
 5.5.8 配　色　97

5.6 規　格………………………………………………………………………98

5.6.1 JIS C 0447：1997『マンマシンインタフェース（MMI）—操作の基準』
(IEC 60447：1993) 98

5.6.2 JIS Z 8907：2012『空間的方向性及び運動方向—人間工学的要求事項』
(ISO 1503：2008) 99

5.6.3 JIS Z 8071：2017『規格におけるアクセシビリティ配慮のための指針』
(ISO/IEC Guide 71：2014) 99

5.6.4 JIS X 8341『高齢者・障害者等配慮設計指針—情報通信における機器，
ソフトウェア及びサービス』 100

5.6.5 JIS S 0013：2011『高齢者・障害者配慮設計指針—消費生活製品の報知音』 100

5.6.6 JIS S 0033：2006『高齢者・障害者配慮設計指針—視覚表示物—年齢を
配慮した基本色領域に基づく色の組合せ方法』 102

5.6.7 JIS Z 8511〜8527『人間工学—視覚表示装置を用いるオフィス作業』(ISO 9241) 102

5.6.8 JIS Z 8530：2000『人間工学—インタラクティブシステムの人間中心設計
プロセス』(ISO 13407：1999) 104

5.6.9 JIS X 25000 (ISO/IEC 25000) SQuaRE シリーズ『ソフトウェア製品の品質
要求及び評価』 104

5.6.10 JIS Z 8105：2000『色に関する用語』 104

5.6.11 JIS Z 8102：2001『物体色の色名』 104

5.6.12 JIS Z 8110：1995『色の表示方法—光源色の色名』 105

5.6.13 JIS Z 8701：1999『色の表示方法—XYZ 表色系及び $X_{10}Y_{10}Z_{10}$ 表色系』 105

5.6.14 JIS Z 8721：1993『色の表示方法—三属性による表示』 105

課　　　題 ………………………………………………………………………………… 106

推　薦　図　書 …………………………………………………………………………… 106

6章　インタフェース開発の手法

6.1 ユ ー ザ 調 査 ……………………………………………………………………… 107

6.1.1 質問紙調査（アンケート調査） 107

6.1.2 インタビュー（面接法） 110

6.1.3 観　察　法 112

6.1.4 フィールド調査，エスノグラフィ調査 112

6.1.5 コンテクスチュアルインクワイアリ（文脈的調査） 113

6.2 コンセプト創出，要求事項 ………………………………………………………… 113

6.2.1 ブレインストーミング 113

6.2.2 KJ　　法 114

6.2.3 ペルソナ法，シナリオ法 115

6.3 プロトタイピング …………………………………………………………………… 116

6.3.1 プロトタイプ 116

6.3.2 ペーパープロトタイピング，ダーティプロトタイピング 116

6.4 インスペクション法，エキスパートレビュー，チェックリスト ……………………… 117
　6.4.1 ヒューリスティック法　117
　6.4.2 認知的ウォークスルー法　118
　6.4.3 チェックリスト　118
6.5 ユーザテスト ………………………………………………………………………… 120
　6.5.1 ユーザテストとは　120
　6.5.2 思考発話法　120
　6.5.3 パフォーマンス評価　121
　6.5.4 主観評価　122
　6.5.5 生体計測　122
6.6 倫理的配慮 …………………………………………………………………………… 123
　6.6.1 背景　123
　6.6.2 インフォームドコンセント　123
　6.6.3 情報の管理と個人情報の保護　124
課題 ………………………………………………………………………………………… 124
推薦図書 …………………………………………………………………………………… 124

引用・参考文献 ……………………………………………………………………… 125
索引 ……………………………………………………………………………………… 138

1章
ヒューマンインタフェース概説

　本章の目的は，最初にヒューマンインタフェースとはなにかについてのイメージを掴んでもらうことである。われわれが道具や機械を使うとき，眼や耳で状況を把握し，手や足で操作をする。見聞きする情報やそれらを発する部分，操作している部分，触る部分，外観，それらすべてがヒューマンインタフェースである。本書では，コンピュータを内蔵していない道具や機械なども含めたさまざまなモノのヒューマンインタフェースを広義のヒューマンインタフェース，コンピュータシステムのヒューマンインタフェースを狭義のヒューマンインタフェースと仮称する。本書の導入である本章では，広義のヒューマンインタフェースに関しては，この分野に多大な影響を与え続けるノーマンの画期的な書籍『誰のためのデザイン？』のデザイン原則を紹介する。デザイン原則を使って，身の回りのモノのデザインについて，ヒューマンインタフェースの視点で見直してもらいたい。狭義のヒューマンインタフェースに関しては，コンピュータシステムのインタフェース変遷の歴史を辿り，将来のヒューマンインタフェースについてのいくつかの話題を紹介する。最後に，ヒューマンインタフェースと関連が深い領域である，人間工学，心理学，コンピュータサイエンス，認知工学，感性工学について，簡単に説明する。

1.1　ヒューマンインタフェース

1.1.1　用　　　語

　インタフェースとはモノとモノの境界，界面を意味する言葉である。人間はこれまで色々な道具や機械を作ってきたが，道具や機械と人間が接するところが**ヒューマンインタフェース**（human interface, HI）である。この定義を考えると，世の中はヒューマンインタフェースに満ち溢れており，優れたヒューマンインタフェースが暮らしを豊かに快適にするであろうことが想像できる。

　ヒューマンインタフェースという言葉は，コンピュータやコンピュータが組み込まれた機器のインタフェースに限定して使われることも一般的である。そこで，本書では，コンピュータを内蔵しない道具や機械を含めたモノとのインタフェースを広義のヒューマンインタフェース，コンピュータシステムあるいはコンピュータ操作が重要な役割を果たすようなシステムのインタフェースを狭義のヒューマンインタフェースと呼ぶことにする。最近は，

さまざまな機械にコンピュータが組み込まれており,広義,狭義という使い分けは便宜的なものである。

機械とのヒューマンインタフェースについては,古くはマンマシンインタフェースという言い方がされていた。しかし,最近では,差別や偏見を防ぐ表現として,マンをヒューマンに置き換えた,**ヒューマンマシンインタフェース**(human machine interface,HMI)が使われている。

対象がコンピュータに限定している場合には,欧米を中心に**ヒューマンコンピュータインタラクション**(human computer interaction,HCI)という用語もよく使われている。人間とコンピュータの間で行われるインタラクション(相互作用),やり取り,対話が対象であることを明示した用語である。また,**ユーザインタフェース**(user interface)という言葉も使われているが,こちらは,ユーザ(利用する人)が限定的な場合やユーザが使うということを強調したいときに使用される用語である。

1.1.2 ヒューマンインタフェースの捉え方

ヒューマンインタフェースは多様な捉え方をすることができる。その一つが階層的な捉え方である。上田は,生理・形態的インタフェース,認知的インタフェース,感性的インタフェースの三つの階層を設けた(**図1.1**)[1]†。生理・形態的インタフェースはヒューマンインタフェースの基礎をなすもので,モノの大きさ,重さ,モニタの視認性といった生理的インタフェース,持ちやすさ,入力しやすさ,見やすさといった形態的インタフェースからなる。この階層のインタフェースは物理的インタフェースとも呼ばれ,人間工学(1.4.1項)の分野で研究が行われてきた。認知的インタフェースはわかりやすさといった人間の学習(3.1節)や記憶(3.3節),思考(3.5節)と関わるもので,心理学(1.4.2項),認知工学(1.4.4項)のアプローチが中心となる。最上位に位置する感性的インタフェースは楽しさといった感性や感情(4.2節)が関わる部分であり,感性工学(1.4.5項)との関わりが深く,最近注目されている部分である。

佐伯の二重接面性の考えによると,インタフェース(接面)には2種類ある[2]。一つは人間と機械との接面(第1接面),もう一つは機械と外界との接面(第2接面)である(**図1.2**)。第1接面がヒューマンインタフェースの部分である。お箸や包丁,ハサミなど古くから使われてきた道具の多くは,第2接面が直接見えていて,使う人が結果を見ながら使うことができる。使い慣れた道具の場合は,ボディイメージ(自分の身体についての認識像)が道具を通して延長した感覚,第2接面が第1接面であるような感覚を得ることができる。とこ

---

† 肩付きの数字は,巻末の引用・参考文献を表す。

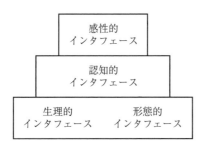
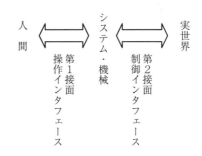

図1.1 インタフェースの階層　　図1.2 二重接面性

ろが，機械が複雑化すると第1接面と第2接面が乖離してしまい，操作者が第1接面で機械を操作しても第2接面でどういう変化が生じるかが掴みにくくなってしまう。機械がさほど複雑でなければ，操作者は機械を使っているうちに学習し使いこなせるようになるが，機械が複雑になればなるほど学習が困難となるため，良いヒューマンインタフェースを提供して操作者を支援することが必要となる。

ユーザ中心設計（5.4.1項）を提起したノーマンは，ヒューマンインタフェースについて実行の淵と評価の淵の橋渡しという言い方をしている[3]。人間の世界と機械の世界の間には深い溝があるため，機械をうまく使うにはその溝に橋をかけてあげる必要がある。

ノーマンは橋をかけるために，行為の7段階モデルを提唱した（3.7.2項）。ある人が道具や機械を使ってなにかをしたいと思ったとしよう。道具や機械を使った一回の操作（アクション）で思いが達成できる場合もあれば，何回かアクションを積み重ねる必要がある場合もあるであろう。後者の場合は，人間側から機械へのアクション，そして機械から人間への結果のフィードバックが一単位となり，それが何度か繰り返されることになる（**図1.3**）[4]。

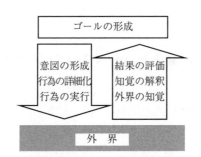

図1.3 行為の7段階モデル

人間から機械へのアクションでは，正しい意図が形成され，正しい操作手順が選ばれ，問題なく実行される必要がある。機械を操作するときに，次になにをすればいいのかさっぱりわからないことがあるが，これなどは機械の表示などに問題があり，意図の形成に失敗した例である。

一方，機械から人間への結果のフィードバックでは，実行結果が過不足なく知覚され，その意味が正確に解釈され評価される必要がある．必要な情報が得られないことが作業効率を下げている場合が多い．大きな表や図を作成するのにノートPCの小さなモニタ画面で作業をしたときのことを思い出してもらえるとわかるであろう．

また，人間から機械になんらかのアクションをした場合，その結果が帰ってくるまでの時間遅れ（タイムラグ）も使いにくさを生む原因となる．時間遅れが大きい場合，我慢しきれずについ何度も同じ操作を行ってしまい，失敗することもよく見受けられる状況である．

山岡はインタフェースの問題（適合性）を単に機械と人間の間の問題としてではなく，より広く次の五つの側面から捉えている[4]．これらの側面が適切に設計されていないと，利用できない，利用しづらいという問題が発生する．不特定多数の人が使う機械では，高齢者や障害者などに対する配慮も必要となる．

1) **身体的側面**：操作部や表示装置の位置，操作部の操作方向や操作力，接触面のフィット性などのハードウェアの物理的特徴が使う人の身体的特徴に適合している必要がある．

2) **頭脳的（情報的）側面**：わかりにくい，見にくい表示，表記は使う人に誤解を与える．今までにはなかった新しいタイプの機械の場合は，機械に対する操作イメージ（メンタルモデル）を使う人が持てるような工夫が必要となる．

3) **時間的側面**：長時間に及ぶ作業では疲労などの問題が発生する．

4) **環境的側面**：照明，温度，騒音など，機械を利用する環境の問題である．照明が暗いと機械に記載している手順説明などの文字が読めない，気づかないという問題などが生じる．

5) **運用的側面**：サポート体制の整備や利用者への教育，関係者間のコミュニケーション，メンテナンスなど，機械をスムーズに運用できるようにしておかなければならない．

1.2 広義のヒューマンインタフェース

1.2.1 ノーマンの七つの原則

良いヒューマンインタフェースを設計，あるいはヒューマンインタフェースを改善するための具体的な方法については5章と6章において紹介するが，ここではヒューマンインタフェースの重要性が認識されるようになった契機の一つである，ノーマンが提唱したデザイン原則を紹介しよう．

このデザイン原則はノーマンが『誰のためのデザイン？』[3]において，当時（1980年頃）のモノは使いにくいものが多いことを指摘し，使いやすくするために作業を簡単にする方法として提案したものである．

1.2 広義のヒューマンインタフェース

〔1〕 外界にある知識と頭の中にある知識を利用する。

われわれはモノを見たときに，これは何々できそうという印象を持つことがある。押しボタンのような形状の物体であれば押せそう，ハンドルのような形状であれば取っ手として使えそうとか，硬そうな台があれば踏み台にできそうとか，座れそうとか，モノを見た際に直感する印象がある。こういったものをノーマンは**アフォーダンス**（affordance）と呼んだ。外界にある知識とは，このアフォーダンスのことである。モノからアフォーダンスが感じられるようにデザインする（なにができそうかを見ればわかるようにする）ことで，使う人はどういう操作ができるのかを説明がなくとも察知することができる。

もう一方の頭の中にある知識とは**メンタルモデル**（mental model）のことであり，メンタルモデルとは，外界の出来事などを理解するために人間が持つイメージのことである（3.6.2項）。ノーマンは概念モデル（conceptual model）という用語を使うが一般的にはメンタルモデルという。設計者は頭の中に，こういった製品を作りたいというデザインモデルを持っている。技術的制約やコスト的制約，ビジネス上の制約等々の諸事情により，市販される製品は設計者のデザインモデル通りにはならないだろうが，市販された製品（マニュアル等の付属品も含めて一式）には自然とその製品が醸し出すイメージが生まれる。そして，ユーザ（使う人）は，製品を見て，触って，その製品がどういったものなのか理解しようとする。ユーザが持つシステムの原理や構造に対する理解をユーザのメンタルモデルという。ユーザのメンタルモデルは製品を使うことを通して更新されていくが，重要なことは，使用するという行為を通して，ユーザがその製品に対して正しいメンタルモデルを持つようになることであり，ユーザが正しいメンタルモデルを持つことができるように設計を工夫することである。間違ったメンタルモデルが形成されると，ユーザはなぜそうなるのかが理解できず，間違った操作を実行し続けることになる。

ユーザに正しいメンタルモデルを持ってもらうには，メタファ（隠喩，3.5.4項）を活用することは有効な手段である。メタファは比喩の一種であるが，直喩と異なり，比喩となる対象を明示的には示さない。現在のパーソナルコンピュータのOSは，モニタの表示が机の上のような感じをもたせるデスクトップメタファを採用している。このデスクトップメタファにより，ユーザは日常生活での経験をパーソナルコンピュータの操作に生かすことができる。

〔2〕 作業の構造を簡単にする。

ちょっとした工夫をすることで仕事を簡単にすることができる。われわれが人の話を聞くときにノートやメモを取るのは記憶負担を減らすためであり，数学の図形問題で補助線を引くのは問題の複雑度を下げて問題の構造を簡単にするためである。人間の記憶（3.3節）や注意（3.4節）には限界があり，過大な負荷を強いることは，エラー（3.6節）を招くし，

使おうという意欲（4.1節）を削ぐことになる。

　ノーマンは人間の作業負担を減らすために，新しい技術を使うことを提唱している。新技術をうまく導入できれば，① 思考や記憶の支援，② 操作結果のフィードバックや対象のコントロール性の向上，③ 自動化，④ 作業の性質の変更ができるようになり，作業を単純にすることができる。

〔3〕 **対象を見えるようにする。**

　今，どういう状況にあるのかを把握するには可視化が有効である。ボタンを押すなどの操作をしてなにも変化がなければ，ユーザは不安になる。ユーザが操作をしたら，製品は操作を受付けたこと，操作による処理が進んでいることを示す必要がある。進行中の処理については，処理全体の中で，どの処理が終わり，どの処理をやっている最中なのか，あとどの処理が残っているのかといった情報を提供することで，ユーザは安心できる。

　また，ノーマンはユーザが目標を達成するための手段を複数用意することも提案している。一つの手段しかなければ，その手段が使用できなくなった場合に目標達成が困難となってしまう。複数の手段を用意することはアクセシビリティ（5.2節）の観点からも重要である。

〔4〕 **対応づけを正しくする。**

　ノーマンは，次の四つの関係についてユーザが理解しやすくすることが必要であると述べている。① 意図とその時点でユーザが実行できる行為の関係。② ユーザの行為とそれがシステムに及ぼす影響の関係。③ システムの内部状態とユーザが知覚できるものの関係。④ ユーザが知覚できるシステムの状態とユーザの欲求・意図・期待の関係。最初の二つが図1.3のゴールの形成から外界に向かう矢印（橋）において発生する事項であり，後半の二つが外界からゴールの形成に向かう矢印（橋）に関する事項である。橋から落ちないように，一つひとつの対応関係を明確にして誤解を生まないような工夫が必要となる。そのためには，自然の対応を利活用することが推奨されている。自然の対応とは，われわれが当然と考えたくなるような対応関係であり，例えば，スイッチとそれに関係する計器は空間的に近い場所に配置することで両者が互いに関連していることを示唆することができる。

〔5〕 **制約の力を利用する。**

　行動の自由度が増せば増すほど，ユーザは戸惑いや混乱を起こしやすくなるため，ユーザが目的に合った行動をとるように，ユーザの行動を制限して誘導する必要がある。ノーマンは物理的制約，文化的制約，意味的制約，論理的制約を挙げている[5]。

物理的制約：形状が合わないものは，嵌め込んだり，接続したりが不可能であり，間違ったことを行なう危険性を下げることができる。パソコンにはいくつかのコネクタがついているが，コネクタの形状が違うことは誤接続を防ぐ役目も果たしている。

文化的制約：われわれは自国の文化，慣習を知らず知らずに身につけている。このため，文化，慣習に合致しない状況に対しては自然と違和感を覚える。トイレのドアに貼り付けられている女性用と男性用の区別を示すピクトグラムは，女性トイレでは赤色でスカート姿，男性トイレでは青色，または黒色でズボン姿であることが多い。文化的に（この場合は日本だけでなく世界的に）通用する共通イメージを利用した制約の例である。ただ，最近はトランスジェンダーに配慮したピクトグラムに対する要請も高くなっている。

意味的制約：置かれている状況の意味を考えると，自然とそうなる，そうするという場合がある。制約に反するようなことは可能ではあるが，それでは意味をなさなくなるような場合である。卓上ライトを勉強机に組み込むのであれば，本を読んだり，ノートになにかを書こうとしたりするときに，きちんと照明が当たるような位置にという制約を無視することはできない。

論理的制約：論理的な思考に従うならば，おのずと決まるような制約を設けることができる。AV機器の音声信号や映像信号を接続するアナログケーブルはどれも同じであるが，右チャンネルの音声は赤色，左チャンネルの音声は白色，映像は黄色の印がアナログケーブルと機器の両方に入っており，アナログケーブルと機器側の色を合わせれば，正しい接続ができるようになっている。

〔6〕 **エラーに備える。**

人間にしろ，機械にしろ，エラー（誤動作，誤作動）を完全に防止することはきわめて困難である。特に人間はしょっちゅう勘違いやうっかりミスを犯す（3.6節）。このため，エラーが発生する可能性をできる限り小さくする工夫，もしエラーが生じた場合にもその影響を最小限にするような工夫が必要である[5]。

さらに，エラーが発生したときには，どの操作が問題だったか，どんな問題が生じているのか，どうすれば問題が解決できるのかをユーザにわかりやすく知らせて，エラーから回復できるようにしておかなければならない。特に，実行した操作を取り消して元に戻せるようにしておくことは重要である。元に戻すことができないような操作の場合は，意図的に手間がかかるようにしておき，うっかり実行してしまうことがないようにしておくべきである。非常停止ボタンにボタンカバーを施しているものがあるのはその一例である。

〔7〕 **標準化する。**

以上のことを施してもうまくいかないときは，標準化という方法を考える。標準化されて使用方法が統一されれば，ユーザは一度学習すると使えるようになる。車の運転がよい例である。どの車も基本的な操作は統一されており，車を買い替えたからといって，運転操作が大きく変わるというようなことはない。

1.2.2 標 準 化

標準化することには，互換性や相互接続性の確保，市場の拡大，生産効率の拡大，低コスト化，技術の普及などの多くのメリットがあり，近年は経済活動のグローバル化の影響を受け，国際標準化が急速に進展している。ヒューマンインタフェースについても，標準化することで大きな恩恵を受けることができる。

標準化には大きく二つの方法がある。一つは**デジュールスタンダード**（de jure standard）と呼ばれる，規格を標準化団体が決める方法である。デジュールとはラテン語由来の言葉で「法律に合致した」という意味である。日本では，工業標準化法に基づいて，日本工業標準調査会が **JIS 規格**（Japan Industrial Standards，**日本工業規格**）を決めていたが，2018 年に工業標準化法が産業標準化法に改正され，2019 年 7 月から日本工業規格（JIS）は**日本産業規格**（JIS）となった。

かつては国ごとに異なった規格が採用されていたが，WTO/TBT 協定（1995 年）により，各国の規格は国際規格を標準とすることが定められた。その結果，最近では，国際規格が先に定まり，それを基準として各国の事情に合わせて国内の規格を決めるという流れが一般的になってきている。このため，国際規格がどのように決まるかが重要な関心事となっている。国際規格でよく知られているものは ISO（International Organization for Standardization，**国際標準化機構**）や IEC（International Electrotechnical Commission，国際電気標準会議），ITU-T（International Telecommunication Union Telecommunication Standardization Sector，国際電気通信連合 電気通信標準化部門）の規格である。これらの機関は各国の代表的標準化機関で構成される国際標準化機関であり，ISO は電気技術分野（IEC）および通信分野（ITU-T）を除いた全産業分野を対象としている。ヒューマンインタフェース分野での重要な規格については，5.6 節で紹介する。

もう一つの標準化の方法は，**デファクトスタンダード**（de fact standard）と呼ばれるもので，ある商品が市場である程度の割合を占有する状態になってしまうとそれが事実上の標準（世界標準）となる。デファクトもラテン語由来の言葉で，「事実上の」という意味である。市場での選択は性能ばかりではなく諸々の要因で決定するため，デファクトスタンダードとなった製品が必ずしも他の競合製品よりも性能的に優れているとは限らないが，標準化されるメリットは非常に大きい。

技術革新のスピードが速い分野では，デジュールスタンダードやデファクトスタンダードが定まるまで待つことができない状況が発生しており，企業等が集まってフォーラムやコンソーシアムを結成して規格を決めるフォーラム標準，コンソーシアム標準も増えてきている。また，デファクトスタンダードとなっている規格がデジュールスタンダードとして追認されることもある。

1.3 狭義のヒューマンインタフェース

1.3.1 これまでの変遷

一般の人々がコンピュータを日常的に使うようになったのは，コンピュータのインタフェースとして，**グラフィカルユーザインタフェース**（graphical user interface, GUI）が採用されてからのことである．GUI 以前のインタフェースは，**キャラクタユーザインタフェース**（character user interface, CUI）あるいは**コマンドラインインタフェース**（command line interface, CLI）と呼ばれているものであった．モニタには文字しか表示できず，キーボードからコマンド（命令）を打ち込む必要があった．当時のコンピュータの能力を考えるとほかに方法はなかったわけであるが，ヒューマンインタフェースとしては非常に貧弱なものである（さらに昔を遡ると，もっとひどいヒューマンインタフェースであった）．コンピュータを使うにはコマンドを覚える必要があり，人々にコンピュータは特別な知識を持った専門家が使うものという認識を持たせてしまっていた．

GUI により，モニタ画面が机のように機能し，本を読んだりノートを書いたりというわれわれが日頃やっていることが，コンピュータ上でさほど難しくなく実行できるようになると，コンピュータは一般の人々の間に一気に浸透していき，仕事の道具からパーソナルユースへと使用される領域も広がっていった．GUI を構成するおもな要素はウィンドウやアイコン，メニュー，ポインタ等であり，これらはつなげて，**WIMP インタフェース**（Windows-Icons-Menus-Pointer Interface）と呼ばれている．

CUI と GUI の違いは，間接操作と直接操作の違いでもある．CUI は人工的に作られたコマンドを介してコンピュータを操作しているので，間接操作と呼ばれる．一方，GUI は WIMP インタフェースを使って，直接，対象を操作しているような感覚でコンピュータを使うことができる（直接操作）．もちろん，究極の直接操作は，実際に物を指でつまんだり，押したりというような行為である．マウスでアイコンをクリックするという行為は，マウスの動きと画面のマウスカーソルの動きが連動しているため，マウスを介してはいるがさほど違和感なく，自分でマウスカーソルを動かしているという印象を持つことができる．スマートフォンなどのタッチパネルを使った指での操作は，操作の直接性がさらに高くなっている．直接性が高まれば高まるほど，誰にでも操作できそうな気がしてくる．

1.3.2 今後の展開

今後，以下のようなヒューマンインタフェースが大きく発展すると期待されている．互いに関連している部分もあり，互いに影響し合いながら発展していくと考えられる．

マルチモーダルインタフェース：マルチモーダルのモーダルは，感覚様相と訳すこともあるが，感覚の違いを指す（2.10節）。よって，**マルチモーダルインタフェース**（multi-modal interface）とは，複数の感覚を組み合わせたヒューマンインタフェースのことである。文字や画像といった視覚情報に音という聴覚情報を付加することはすでに一般的となっているが，今後は触覚や力覚なども利用されるようになる可能性が高い。

ナチュラルユーザインタフェース：発話や動作（ジェスチャ）などの人間が普段行っている行為によって機械を操作するヒューマンインタフェースを**ナチュラルユーザインタフェース**（natural user interface，NUI）という。近年，最もよく利用される情報機器が，パーソナルコンピュータからスマートフォンやタブレットコンピュータのような携帯型端末に移行する状況となってきている。ヒューマンインタフェースも，コンピュータのGUIからタッチパネルの直接操作や音声入力というマルチモーダルインタフェースやNUIへと急速に変化している。

実世界指向インタフェース：ユーザがコンピュータを操作する代わりに，ユーザの位置情報や視方向，周囲のセンサや通信機能を備えたモノからの情報などを統合的に活用して，実世界における人間の作業や行為を支援するインタフェースを**実世界指向インタフェース**（real world oriented interface）という。実世界指向インタフェースを実現する技術の一つとして，**オーグメンテッドリアリティ**（augmented reality，AR）がある。ARは拡張現実とも呼ばれるもので，現実世界に仮想現実世界を重畳させ，現実世界を補強する技術である。ARを用いることで，現実世界のさまざまな事物に必要な情報を付加して提示することができる。

ブレインマシンインタフェース，ブレインコンピュータインタフェース：目や耳などの感覚器官や手や口などの運動器官を使わずに，脳が機械やコンピュータと直接的に情報の受け渡しをするインタフェースを**ブレインマシンインタフェース**（brain machine interface，BMI），**ブレインコンピュータインタフェース**（brain computer interface，BCI）という（図1.4）。方式としては，脳に電極を埋め込むような外科手術が必要な侵

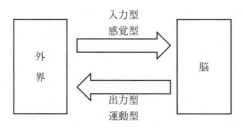

図1.4　ブレインマシンインタフェース

襲式と必要でない非侵襲式の2通りがある。外界からの情報を変換して脳で感覚を生起させる感覚型BMIの一つである人工内耳はすでに実用化されている。

1.4 関 連 領 域

1.4.1 人 間 工 学

ヒューマンインタフェースの物理的な基盤を考えるために欠くことができないのが**人間工学**（human factors）である。人間工学は二つの源流を持つ。一つはヨーロッパでの労働環境や疲労に関する研究であり、**エルゴノミクス**（ergonomics）と呼ばれていた。もう一つはアメリカでのヒューマンエラーの研究が発展した、使いやすい装置や製品の開発を目指す研究である。研究領域の広がりにより、現在では両者は融合した状態となっている。

モノの形や大きさ、重さ、モノに備えるボタン類の大きさ、硬さ、配置等、モノを使いやすくするためにはたくさんの考慮すべき事項がある。物理的な特性だけでなく、使う人間の認知特性や嗜好を考えておくことも重要である。設計者がこれらを経験に基いて決定していたのでは、設計者の主観に依存しすぎる危険性がある。そこで、人間工学では、科学的方法に従って収集しておいたデータを用いたり、適切なデータがない場合には実験で検証したりすることで、デザインを決定する。また、人間工学では規格化に積極的に取り組んでおり、数多くの人間工学に関するJIS規格、ISO規格がある（5.6節）。

1.4.2 心 理 学

心理学（psychology）は心の働きに関するさまざまな側面を扱っているが、心理的諸機能の特性を解明することを目的とする実験系（基礎系）と、心理的に不調をきたした人々の支援を目的とする臨床系に大別できる。ヒューマンインタフェースは、前者、特に知覚心理学や認知心理学などとは関係が深い。

知覚心理学では、視覚、聴覚など感覚に関する知覚特性について研究が進められている。感覚の中では視覚が最も情報量が多いと言われており、ヒューマンインタフェースにおいても、視覚が最も重要であり、次に聴覚となる。また、感覚相互の関係性についての研究もなされている。

認知心理学は1950年代、1960年代に誕生した心理学では比較的新しい領域であり、その当時の研究対象は記憶や思考であった。その後、認知心理学が扱う領域が拡大し、今では、知覚、学習、注意、動機づけ、感情なども含めて、認知心理学と呼ばれることも多い。本書の2章から4章までは、この広い意味での認知心理学の領域に関する事項についての説明が中心となっている。

1.4.3 コンピュータサイエンス

コンピュータサイエンス（computer science）は，コンピュータに関する基礎的な理論から実装さらに応用までを幅広く扱う研究領域である．ヒューマンコンピュータインタラクション（HCI）分野は学際的なコンピュータサイエンス領域であり，入出力デバイス開発，情報視覚化技術，対話形式（メニュー構成，ダイアログ），マルチメディアインタフェースやナチュラルユーザインタフェース，バーチャルリアリティなどが扱われている．

さらに，近年流行のディープラーニングは人工知能の一種であるが，人工知能はヒューマンインタフェースを幅広く支える技術であり，ヒューマンインタフェースをよりシンプルでスマートなものへと進化させるであろうと期待されている．人工知能分野では，専門家の知見を集積し問題を解決するエキスパートシステム，音声認識や画像認識，自然言語処理，多量のデータから有益なデータを抽出するデータマイニング，文章を解析するテキストマイニング，さらには感性情報処理などの研究が行われている．

1.4.4 認知工学

認知工学（cognitive engineering）は，わかりやすいシステムを作成するために，ノーマンらが提唱した研究領域である．当初よりヒューマンインタフェース分野で利用することが想定されているので，ヒューマンインタフェースの関連分野というより，ヒューマンインタフェースの一分野と見ることができる．人間工学が身体特性を考慮して機能的な使いやすい機械や環境の構築を目指すのに対して，認知工学では人間の認知（認知心理学の領域とほぼ重複）特性を利用した使う人にとってわかりやすい機械や環境を目指す．ノーマンによると認知工学の目的は，デザイン原則に反映させるために人間の行動の背景にある基本原理を理解することと，使って楽しいシステムを作ることである[6]．

1.4.5 感性工学

感性工学（kansei engineering）は，購入者（使用者）の感性にマッチした商品開発を行うために日本で独自に発展した工学分野である．大量生産・大量消費の時代は，メーカが商品を提供すると流行に取り残されまいと消費者が飛びつくように購入し，皆と同じものを購入したことで満足感を得るという状況であった．しかし，最近は個性や自己表現が重視される時代となり，消費者の商品選択も多様化している．基本的にモノが溢れているため，商品の購入者はほかと違ったモノが欲しいという希望を持つようにもなってきている．しかし，具体的にどういったモノが欲しいということは，消費者はなかなか明確には言えないことも多い．そこで，感性工学では消費者の気持を聞き出し，商品づくりに活かすような手法を開発している．

ヒューマンインタフェースの階層モデル（1.1.2項）で感性的インタフェースという階層が一番上位に設定されていたように，ヒューマンインタフェースにおいても，感性は重視されるようになってきている。広義，狭義，どちらのヒューマンインタフェースにおいても，これからのヒューマンインタフェースを考える上で感性は無視することができないキーワードである。

課　　題

（1）身の回りのモノで使いにくいモノを見つけて，なぜ使いにくいのか，どうすれば使いやすくなるのかを考えてみよう。

（2）普段使っているモノについて，自分がどのようなメンタルモデルを持っているか考えてみよう。

（3）エラーの発生を防ぐためにどういった工夫がされているかを見つけてみよう。

（4）開発において人間工学や感性工学が使われた製品を探してみよう。

推薦図書

・D. A. ノーマン著，野島久雄 訳：誰のためのデザイン？，新曜社（1990）
・D. A. ノーマン著，岡本　明，安村通晃，伊賀聡一郎，野島久雄 訳：誰のためのデザイン？増補・改訂版，新曜社（2015）
　　認知心理学，認知工学，認知科学と広い分野で活躍し，ヒューマンインタフェースに大きな影響を与え続けているノーマンの代表作であり，ヒューマンインタフェースを学ぶのであれば一度は読んでおくべき書籍。ちょっと分厚いが，面白い例がたくさん掲載されている。

2章
人間の感覚知覚

　人間は外界をコピーするかのようにそのまま知覚するのではない。本章で紹介するように，人間の感覚知覚にはさまざまな特性がある。そのような特性を無視した設計に基づいて作成されたモノは，使う人を戸惑わせる。本章では最初に，感覚に共通して見られる特徴として，物理量と心理量の関係を扱った法則を紹介する。その後，視覚と聴覚について説明する。視覚は表示や説明を読んだり，状態を目で見て把握したりするときなどにおいて利用され，聴覚は報知音や音声情報を受け取るといったときなどにおいて利用される。人間は多くの情報を視覚から得ているとよく言われるが，ヒューマンインタフェースにおいても視覚は最もよく使われている感覚である。これら感覚の特性について知り，設計に活かすことで，道具，機械，コンピュータシステムを使う人に対して，より良い情報の提供が可能となる。

2.1　感覚に関する法則

2.1.1　ウェーバーの法則，フェヒナーの法則

　人間の感覚においてなんらかの法則を見出そうとする試みは古くから行われてきた[1]。ドイツの生理学者ウェーバーは，感覚の強弱を感じる最小の差（弁別閾）が刺激の大きさに比例して増減することを示した。刺激強度を R，弁別閾を ΔR とすると

$$\frac{\Delta R}{R} = \mathrm{k} \quad （一定）$$

となる式を**ウェーバーの法則**（Weber's law），k をウェーバー比という。ウェーバーの法則は刺激強度が中程度のときに近似的に成立するが，ウェーバー比は，視覚（明るさ）は 0.016，重量は 0.019，聴覚は 0.088 程度である[2]。

　フェヒナーはウェーバーの法則を発展させ，刺激強度と感覚量の間に対数関係があるというアイデアを思いついた。1850 年のことと言われている。

$$E = \mathrm{k} \log R$$

E は感覚の大きさ，k は定数，R は刺激強度である。この式は**フェヒナーの法則**（Fechner's law）と呼ばれており，**図 2.1** に見られるように，刺激強度が弱いときは少しの刺激量の変化を敏感に感じ取れるが，刺激強度が強くなってくると徐々に少しの刺激量変化

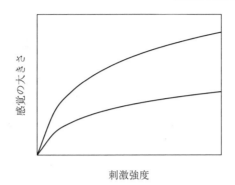

図 2.1 フェヒナーの法則

では変化を感じ取れなくなることを示している。音の強さの単位であるデシベル（dB）（2.9.1項）やオストワルト表色系（5.5.7項）の明度（グレースケール）はフェヒナーの法則に従って構成されている。

2.1.2 スティーブンスのべき法則

スティーブンスはフェヒナーの法則に代わるものとして，べき法則を提唱した。彼は感覚の大きさを数字で表現させるマグニチュード推定法を用いて，刺激と感覚の関係を求めると

$$E = kR^n$$

という関係があることを示した（**図2.2**）[3]。n が1よりも小さいときは，フェヒナーの法則と同様に，刺激強度が弱いときは感覚量の変化が大きく，刺激強度が強いときは感覚量の変化が小さくなるが，n が1よりも大きいときは，刺激強度が弱いときに感覚量の変化が小さく，刺激強度が強いときには感覚量の変化が大きくなる。指数は刺激により異なり，3 000 Hzの音の大きさでは 0.67，暗黒中の点光源の明るさは 0.5，腕に金属が当たったときの暖かさは 1.6 とされる[4]。**スティーブンスのべき法則**（Stevens' power law）はフェヒナーの法則よりも適用可能な範囲が広く，より優れた近似を与えてくれる。

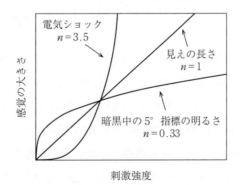

図 2.2 スティーブンスのべき法則

2.2 視覚系（眼球）の構造と機能

「光に色はついていない」という言葉を残したのはニュートンである[5]。光そのものには色はなく，人間の視覚系（眼球と脳）が色を感じさせている。われわれが見ている光は，短波長限界 360～400 nm，長波長限界 760～830 nm（$1\,\mathrm{nm}=10^{-9}\,\mathrm{m}$）の電磁波である[6]。この範囲の電磁波を**可視光線**（visible light）と呼び，波長により紫～赤と色の印象（色相）が連続的に変化する（表2.1）。

図2.3は眼球の構造を示したものである。眼球はよくカメラに例えられる。虹彩は絞りに相当するが，光が入っていくところは瞳孔と呼ばれる。暗いところでは，入射する光量を増やすために虹彩が縮んで，瞳孔が大きくなる。明るいところでは，その逆が生じる。レンズに相当するのが水晶体である。視対象の像を網膜に結ぶようにするために，近くを見るときは水晶体が厚くなり，遠くを見るときは水晶体が薄くなる。このような水晶体の働きを調節と呼ぶ（2.5.1項）。

表2.1 波長と色相

波長〔nm〕	色相
380～430	紫
430～480	青
480～490	緑青
490～500	青緑
500～560	緑
560～580	黄緑
580～590	黄
590～610	橙
610～780	赤

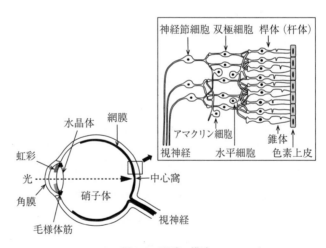

図2.3 眼球の構造

網膜はフィルム／撮像素子の役割を担っている。光を感じる受光細胞は網膜の前面（硝子体側）ではなく，一番奥の色素上皮のすぐ手前に位置している。入射する光は網膜にあるいくつかの細胞を通過して受光細胞に達するという逆転構造になっているが，これは黒いメラニン色素を含んだ色素上皮が背後からの反射や眼球内の散乱の影響を防いで像を鮮明にする効果があるためと言われている[7]。受光細胞としては錐体と桿体（杆体）の2種類があるが，錐体はさらに，420 nm付近に感度が高い短波長感受性錐体（S錐体），534 nm付近に感度が高い中波長感受性錐体（M錐体），564 nm付近に感度が高い長波長感受性錐体（L

錐体）の 3 種類の錐体があり，色覚発生の元となっている（**図 2.4**）[8),9)]。錐体は感度が低く，応答するためにはある程度の光量が必要である。このため，明るい場所（明所視）でしか有効に機能しない。一方，桿体は 1 種類しかないため色覚を生じさせることには寄与しないが，光に対する感度が高く，薄暗い場所（薄明視）や暗い場所（暗所視）でも働くことができる。

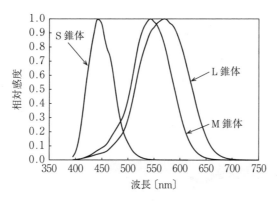

図 2.4　受光細胞にある視物質の吸収スペクトル

また，錐体と桿体は網膜上の分布が異なる。錐体は凝視しているときに像が結ばれる中心窩(ちゅうしんか)付近に密に分布し，中心窩から少し離れただけで急激に数が減少する。桿体は中心窩には存在せず，錐体の数が減ったあたりから急激に増加し，周辺部にいくにつれ徐々に減少する。このような受光細胞の網膜上分布や脳の視覚情報処理プロセスの影響により，見つめている場所（注視点）は視力が高いが，注視点から少し離れると急激に視力が低下する。

受光細胞の興奮は水平細胞，双極細胞，アマクリン細胞を経て，神経節細胞へと伝わる。この過程において，赤色で興奮（ないしは抑制）して緑色で抑制（興奮）する色信号，黄色で興奮（ないしは抑制）して青色で抑制（興奮）する色信号，明るさにより興奮する輝度信号に変換される（2.7.1 項）（**図 2.5**）。

神経節細胞の神経線維（視神経）は一箇所にまとめられ，眼球から外に出て外側膝状体を経由して大脳の一次視覚野に情報を伝える。神経線維が一箇所にまとめられた場所には受光

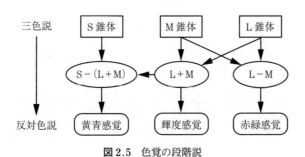

図 2.5　色覚の段階説

18   2. 人間の感覚知覚

細胞がないため，光を感知することができない。この見えない部分は盲点と呼ばれている。盲点は視野の中心から外側約 15°（網膜では鼻側），やや下方にある。1 m 離れたところで直径 8〜10 cm 程度の円領域が実際には見えていないが，われわれは盲点を認識することはない。脳が盲点周辺の情報により補完しているためである。不足する情報があればそれを自然と思える情報で補完するという処理は，脳がよく使う手段である。**図 2.6** は補完を体験するための図である。右眼を閉じ，図の×が左眼の真ん前にくるように本と頭の位置を調整してみてほしい。×を見つめながら，ゆっくりと本あるいは頭を前後に動かすと，ある位置で左の丸が消える。丸の像がちょうど盲点に入った状態である。このとき，ずれている横線が一本につながっているように見える。脳がありそうな状態に補完した結果である（2.4.5 項）。

図 2.6   盲点における補完処理

2.3   明るさの知覚

2.3.1   比視感度（分光視感効率）

波長によって明るさの感じ方は異なる。これを**比視感度**（spectral luminous efficiency）という。最も明るく感じる波長は，明所視では 555 nm，暗所視では 507 nm である（**図 2.7**）[10]。プレゼンテーションで使用されるレーザーポインタの色は，昔は赤色（650 nm 付

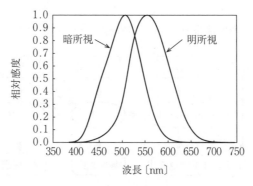

図 2.7   比視感度曲線

近）であったが，最近は緑色（530 nm 付近）が増えてきている。これは，比視感度を考えると，緑のレーザーポインタは赤のレーザーポインタよりも 8 倍も明るく感じることができ，色覚異常者（2.7.2 項）を含めて多くの人にとって見やすいためである。

2.3.2 錯　　　視

錯視（optical illusion）は視知覚において生じる錯覚現象である。実際とは異なって知覚されるものであるが，錯視は視知覚の特性を明らかにする重要な手がかりである。モノのデザインをする際には，デザイナーは錯視を考慮して細かく調整（視覚調整）をしている。

明るさに関連する錯視としては，ヘルマン格子錯視やクレータ錯視などが知られている（図 2.8）。ヘルマン格子錯視は白い線の交差するところがいくつか少し黒ずんで見える。黒ずみが見えたところに眼を移すと黒ずみは見えなくなり，他のところに黒ずみが見えるようになる。白黒を反転（黒いタイル部分を白くして白い線を黒くする）しても同じような現象が生じる。クレータ錯視は平面に描かれているにもかかわらず陰の付け方で凹凸を感じさせる錯視である。このような図形を見たときに，われわれは光が上から照射するものという暗黙の常識に従った考えをもとに，明るい部分を光が当たっているところ，暗い部分を影になっているところとみなし，それならばここは凸，ここは凹と解釈をする。

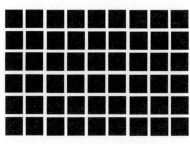
（a）ヘルマン格子錯視

（b）クレータ錯視

図 2.8　明るさの錯視

2.3.3 恒　常　現　象

ある対象を知覚した際に，感覚器官に入っている刺激が多少変化しても，対象物本来の性質を保とうとする性質を**恒常現象**（constancy phenomenon）と呼ぶ。白い紙は暗いところでも白く感じられる。しかし，暗いところでの紙の明るさを測って，その明るさを明るいところで再現するとかなり暗い灰色となる。このように，実際の明るさに関係なく，白いものは白く，黒いものは黒く見える現象を明るさの恒常性という。明るさの恒常性は，背景と対象の明るさの関係が変化しないことにより生じる。

2.3.4 対 比, 同 化

対象の明るさの知覚は背景の影響を受け,背景との**対比**(contrast)や**同化**(assimilation)が生じる。**図 2.9** の二つの丸い灰色領域の明るさは同じであるが,黒背景の方が明るく見える。背景との対比(コントラスト)が強調される方向に灰色の見え方がシフトしている(明度対比)。一方,**図 2.10** では逆に,灰色領域の明るさは同じであるが,黒の縞が入っていると暗く見える。背景との対比が少なくなる方向に灰色の見え方が変わっている(明度同化)。

  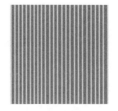 

　　　　図 2.9　明度対比　　　　　　　　　　図 2.10　明度同化

2.4　形と大きさの知覚

2.4.1　図　と　地

視野全体が均質な状態ではなにも知覚することができないが,均質でない領域があれば,そこはほかから分離して見える。対象として見えるものを図,背景を地という。図は形を持ち,手前に位置するように感じられる。

図 2.11 はルビンの盃[11]と呼ばれる図で,中央の白い領域が盃,つまり図であり,その他の黒い領域が地である。この図にはもう一つの見方がある。黒い領域を二人の人が向き合っている横顔と見る見方である。横顔が見えているときは黒い領域が図,白い領域が地となっている。このような図は見方で図と地が入れ替わるため,**反転図形**(reversible figure)と呼ばれている。

図 2.11　ルビンの盃

図になりやすいのは**図 2.12** のような領域である[12]。

閉合あるいは**内側**：閉じている（囲まれている）。

狭小：狭い。

垂直・水平：領域が垂直あるいは水平方向に伸びている。

相称：ある軸を中心にして，左右あるいは上下に対称になっている。

同幅：同じ幅となっている。

残りを出さない：中途半端な領域がない。

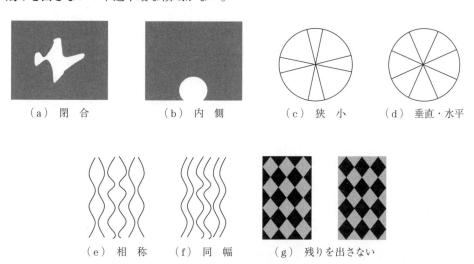

図 2.12　図と地の規定要因

2.4.2　知覚的体制化

いくつかの視対象が存在した場合，その配置等により，まとまりとして見えることがある。まとまり感をもたらす要因については，**群化の要因**（principles of grouping）あるいは**ゲシュタルト要因**（gestalt principle）として知られており，外観デザインや画面デザインなどさまざまなところで用いられている（**図 2.13**）[13]。

近接の要因：位置的に近くにあるもの。

類同の要因：色や形などにおいて同じ属性を持つもの。

閉合の要因：閉じる形を形成するもの。

よい形の要因：シンプルな形状，規則的な形状，対称的な形状。

よい連続の要因：不連続でない滑らかなもの。

共通運命の要因：同じ動きをするもの。

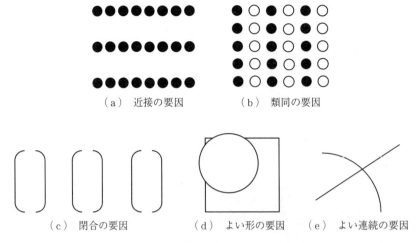

図 2.13 群化の要因（ゲシュタルト要因）

一般的に，形態や構造の知覚や記憶においては，可能な限り簡潔な形態や構造が用いられる特性があり，**プレグナンツの法則**（law of prägnanz）として知られている。

2.4.3 錯　　視

形や大きさと関係する錯視は非常に数が多い。大きさや長さに関する代表的な錯視として，ミューラー・リヤー錯視，ポンゾ錯視，フィック錯視，エビングハウス錯視などがある（**図 2.14**）。ミューラー・リヤー錯視は錯視量が大きく，最も有名な錯視である。斜線に挟まれた横線は二つとも同じ長さであるが，右側の外向きの斜線に挟まれた横線のほうが，左側の内向きの斜線に挟まれた横線よりも長く見える。斜線の角度や長さを変えると錯視量が変化する。ポンゾ錯視は，斜線に挟まれた中央の二つの横線の長さを比較すると，上の横線のほうが下の横線よりも長く見える錯視である。フィック錯視は，縦線の長さが横線の長さよりも長く見える錯視である。垂直水平錯視と呼ばれることもあるが，90°回転させても回転前と同じ線分が長く見えることから，垂直，水平の問題ではないことがわかる。エビングハウス錯視は中央の円の大きさの比較であるが，右側の大きな円に囲まれたほうが左側の小さな円に囲まれた場合よりも，小さな円に感じられる。

位置の錯視として，ポッゲンドルフ錯視，ジョヴァネッリ錯視，重力レンズ錯視（内藤錯視）などがある（**図 2.15**）。ポッゲンドルフ錯視は二つの斜線が一直線上に存在するように描いているが，そうは見えない。この錯視は異方性があることが知られており，45°時計回りに回転させて斜線が水平となるように配置すると錯視は消失する。ジョヴァネッリ錯視は，二つの黒丸の位置の錯視である。右側の黒丸のほうが左側の黒丸よりも高い位置に見えるが，実際には同じ高さである。重力レンズ錯視は小さな四つの点の配置に関する錯視であ

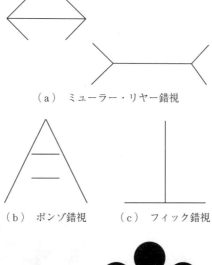
（a）ミューラー・リヤー錯視

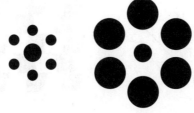
（b）ポンゾ錯視　　（c）フィック錯視

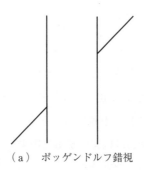
（d）エビングハウス錯視

図 2.14　形や大きさの錯視

（a）ポッゲンドルフ錯視

（b）ジョヴァネッリ錯視　　（c）重力レンズ錯視（内藤錯視）

図 2.15　位置の錯視

る。右上の二つの点の間隔は狭く、左下の二つの点の間隔は広く見えるが、実際には同じ間隔で描かれている。小さな円が大きな円の重力に引きつけられているかのような錯視となっている。

傾きの錯視として、ツェルナー錯視、カフェウォール錯視などがある（**図2.16**）。ツェルナー錯視は、図で右上から左下にかけて引かれている斜線の傾きがランダムに見える錯視である。実際には斜線はすべて平行に描かれている。カフェウォール錯視は喫茶店の壁にありそうな模様から名前が付けられているが、真横に引かれた線が交互に多少傾いて見える錯視である。

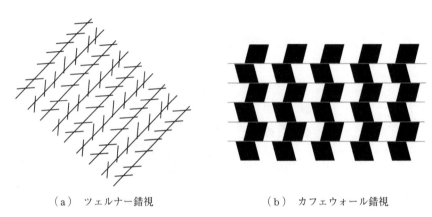

（a）ツェルナー錯視　　　　　　（b）カフェウォール錯視

図2.16　傾きの錯視

2.4.4　恒 常 現 象

形の恒常性ならびに大きさの恒常性として知られている現象がある。対象を見る方向が変わると方向に応じて網膜に映る形も変化するが、そのときに感じられる形は網膜に実際に映っている形よりは、対象が本来持つ形状に近い（形の恒常性）。例えば、丸いお皿を斜めから見ると楕円となるが、その楕円は網膜に映る楕円よりは丸く感じている。丸いお皿という知識が見えに影響を及ぼしているためである。

対象までの距離が遠くなれば、網膜に映る像も距離に比例して小さくなるが、実際には距離の変化ほどには見える大きさが変化したとは感じられない（大きさの恒常性）。次のようなことをすると大きさの恒常性を確認することができる。右手をいっぱいに伸ばしグーをして親指を立てる。左手はその半分くらい伸ばして同じように親指を立てる。そして、右手と左手の間は50，60 cm程度間があくように開いておいて、両方の親指の大きさを比較してみてほしい。右手の親指は左手の親指の倍の距離にあるので、眼の網膜に投影される像の大きさは半分である。しかし、印象としては、右手の親指が左手の親指よりも少し小さいくら

いに感じられる。これも親指の大きさは同じという知識が見えに影響を及ぼしているためである。

2.4.5 形の補完

見えている情報をもとにして，見えていない部分を補うことを**補完**（completion）という（2.2節）。**図2.17**左図のような絵を見ると，四角の上に円がかぶさっていると見える。右図のように円とちょうど円と接している部分が欠けた四角があって，その二つが接しているという見え方はしない。四角の上に円がかぶさっているというのはありそうな状況であるのに対して，円とちょうど円と接している部分が欠けた四角があるというのは日常ではまずありえない状況だからである。

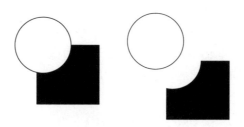

図2.17 形の補完

図2.18を見ても瞬間的にはなにが書かれているのかわからないだろう。ところが，**図2.19**ではすぐに書かれているものがわかる。図2.19では隠されている領域が明瞭なため，隠された部分を補完することが容易となるためである。

 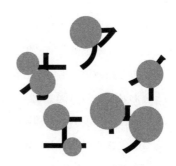

図2.18 補完処理が困難な状況　　**図2.19** 補完処理されやすい状況

一方，補完された領域が形として知覚される場合もある。**図2.20**はカニッツァの三角形と呼ばれる図形[14]であるが，中心に白い三角形が知覚される。しかも，よく観察すると，中心の白い三角形は，他よりも少し浮き出して，内部は他よりもより白く明るく見える。これらは，よい形を見ようとする傾向，足りないものは補おうとする傾向が影響している。

図 2.20 カニッツアの三角形

2.4.6 形がもたらすイメージ

形には多くの人が同じように感じる固有の印象がある。丸は穏やかさを、正方形や四角形はフォーマル感、三角形は安定感、逆三角形は緊張感を人間に与える。また、角ばっている図形や棘のある図形は鋭さや先進性を、丸っこい図形はその逆のイメージを与える（**図 2.21**）。警戒や注意を意味する道路標識には丸や逆三角形が使われているが、丸は実際よりも大きく見え、逆三角形は不安定に感じる性質を利用している。

図 2.21 形のイメージ

西洋では古来、線分を美しく分割する比率として、1：1.618の**黄金比**（golden ratio）が尊ばれてきた。この比率を縦と横に用いた長方形は黄金長方形、短軸と長軸に用いた楕円は黄金楕円、短い辺と長い辺に用いた三角形は黄金三角形と呼ばれ、やはり他の比率のものよりも美しいと言われている（**図 2.22**）。このため、黄金比は多くの建築物や美術作品に用いられている。例えば、パルテノン神殿の高さと横幅の比、ミロのビーナス像の頭からヘソまでとヘソからつま先までの比などは黄金比であるという。

日本では、伝統的に1：1.414（1：$\sqrt{2}$）という**白銀比**（silver ratio）が好まれてきた。白銀比を用いた建築物の例として、法隆寺本堂の二階の幅と一階の幅の比、五重塔の五階の屋根幅と一階の屋根幅の比などがある。用紙サイズの規格であるA版やB版も白銀比となっている（**図 2.23**）。

文字の形である書体も読む人にその書体に特有の印象をもたらす。基本となる書体はセリフ（serif）とサンセリフ（sans-serif）である。これらはフランス語であり、セリフは線の

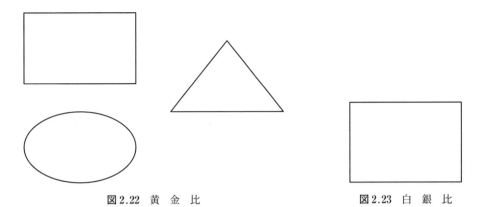

図 2.22　黄金比　　　　　　　　　　　図 2.23　白銀比

端についた飾りの山（ウロコ）のことで，サンは「〜のない」という意味に由来している。セリフは横線が縦線より細いが，サンセリフは縦線と横線の太さが等しい。日本語の書体では明朝体がセリフ，ゴシック体がサンセリフに該当する。明朝体は筆で書いたようなトメやハネ，ハライもつけられていて，繊細で日本的な優しい感じがある。可読性に優れ，長い文章を読まなければならい書籍の本文には明朝体が使用される。一方，**ゴシック体は明確で力強い印象がある**。ディスプレイの表示では明朝体は読みにくいため，ウェブページでは本文にゴシック体が使用される。また，ゴシック体は視認性（2.7.3項）が高いため，小さな文字表示に適している。

2.5　奥行の知覚

2.5.1　単眼視情報手がかり

網膜には二次元の像が生じているが，われわれは三次元の空間を知覚している。この空間を知覚するということは，あまりにも当たり前過ぎて普段は気に留めないが，よく考えると，三次元空間の知覚，つまり**奥行知覚**（depth perception）は，不足する奥行情報をさまざまな手段で追加するという，複雑かつ高度な作業を瞬時にしていることになる。この奥行情報を追加する手段としては，一つの眼から得られる情報を使う単眼視情報手がかりと，二つの眼があることを利用する両眼視情報手がかりとがある。単眼視情報手がかりとしては，絵画的手がかり，水晶体の調節，運動視差がある。

絵画的手がかり：対象の重なり具合，相対的な大きさ，きめ，線遠近法，大気遠近法などにより奥行を知覚する（**図 2.24**）。

水晶体の調節（2.2節）：網膜にピントをあわせる（水晶体の屈折力を変化させる）ために，近くの対象を見るときは水晶体は厚みを増し，遠くの対象を見るときは薄くなる。この厚みの変化を知覚することで，視対象までの距離を推定する。

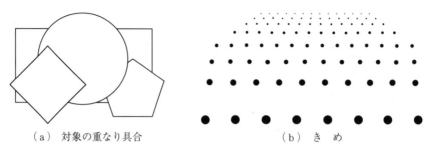

(a) 対象の重なり具合　　　　(b) きめ

図 2.24　絵画的手がかり

運動視差：電車に乗って外を眺めているときなどのように，見ている人が移動しているとき，遠くの対象はゆっくりと移動し，近くの対象は速く移動する。ある対象を注視した場合には，注視対象よりも遠くの対象は見ている人と同じ方向（進行方向）に移動するのに対して，近くの対象は見ている人と逆方向に移動する。

2.5.2　両眼視情報手がかり

両眼視情報手がかりとしては，両眼視差と輻輳（ふくそう）がある。

両眼視差：二つの眼が 6 cm ほど左右に離れているため，それぞれの眼に映る景色は少し異なっている。ある対象を両眼で見ているときに，その対象を片眼だけで見るようにすると，右眼と左眼で対象の見え方が異なることが容易にわかる。遠くの対象は異なりが少ないが，近くの対象は異なりが大きい。バーチャルリアリティで用いるヘッドマウントディスプレイ（head mounted display, HMD）は通常のテレビ映像とは異なり大きな奥行感をもたらすが，それはこの両眼視差情報を提供していることの効果が大きい。

輻　輳：遠くを見るときは左右の眼の視線は平行であるが，近くの対象を注視するときは，中心窩に像を結ばせるために，左右の眼は内向きに回転する。この眼球の向きが奥行手がかりとなる。

2.6　運動の知覚

2.6.1　仮現運動

運動の知覚は実際に運動していない対象を見ている場合にも生じる。例えば，テレビや映画は静止画像の集まりであるが，われわれは実際に動いている対象を見るのと同じような動きを知覚する。ある対象の像が比較的短い時間に少し違った位置に移動すると対象が動いたと感じ[15]，これを**仮現運動**（apparent movement）と呼ぶ。また，仮現運動には移動運動の知覚を生じさせる場合だけでなく，対象の伸縮の知覚をもたらす場合などもある。

2.6.2 運動残効

一定方向に動く対象を見続けた後に静止対象を見ると，最初に見ていた動く対象が動いていた方向とは反対の方向に静止対象が動いているように見える現象を**運動残効**（motion aftereffect）という。この現象の発見は非常に古く，アリストテレスの著作にも不明確ではあるが関連する記述があるという[16]。**図 2.25**のような図形が，実線のように動いているのをしばらく観察すると，図形が停止した際に今までの運動方向とは逆の破線のような動きを感じる。

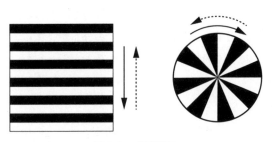

図 2.25　運動残効

2.6.3 誘導運動

周囲にある他の対象が動くことにより，静止対象が動いて感じることを**誘導運動**（induced movement）という[17]。夜，月の付近を流れている雲を見ていると，雲ではなく月が動いて見えたりすることがある。対象を囲っているものは背景となりやすく，背景は静止しているものであると誤認識された結果である。

誘導運動は対象と対象の間だけでなく対象と自分の間でも生じる。例えば，自分は静止しているにも関わらず，見ている対象が動いたときに自分が動いたかのように錯覚する場合である。この場合は，ベクション（自己誘導運動，視覚性運動感覚）と言われる（2.10 節）。乗車している列車や車が停止しているときに，隣の列車や車が動き出すと自分の列車や車が動き出したと錯覚することがあるのは典型的なベクションの例である。

2.7 色 の 知 覚

2.7.1 色覚説，色の見え方

われわれが色を知覚するメカニズムに関する説として，19 世紀のヤングやヘルムホルツの 3 色説，20 世紀初頭のヘリングの反対色説が知られている。**3 色説**（three component theory）は，赤，緑，青のそれぞれによく応答する光受容器があり，各光受容器の興奮パターンにより色覚が生じるとする説である。一方，**反対色説**（opponent-color theory）は，

赤-緑，黄-青，白-黒を対極に応答する物質を仮定し，赤-緑物質と黄-青物質の興奮バランスにより色覚が生じるとする説である。現在では，両説を合わせた**段階説**（zone theory）が定説となっている（2.2節）。

　自らが光を発しているものの色を**光源色**（light source color），光源に照らされた物体が発する色を**物体色**（object color）という。物体色はさらに，物体からの反射による**表面色**（surface color）と物体を透過した**透過色**（transparent color）に分けられる。光源はさまざまな方法で可視光を発生させているため，波長ごとのエネルギーの強さ（分光分布）は光源によりそれぞれ異なっている。物体は光源により照らされるため，照明光源の持つ分光分布と物体の分光反射率／透過率により物体の放つ光の分布が決まる。光源色，物体色，どちらとも最終的には人間の視覚系の特性により感じる色が決定される。

2.7.2 色覚異常

　網膜の3種類の錐体のいずれかの機能が弱い，あるいは不全の場合に**色覚異常**（color vision deficiency）が発生する。色覚異常は，色覚障害あるいは色覚多様性という用語も使われている。以前は全色盲，色盲，色弱という言い方がなされていたが，最近はそれぞれ1色覚，2色覚，異常3色覚と呼ばれる。L錐体に異常がある場合は赤系統の感受性に問題が発生し1型あるいはP型（Protanope），M錐体の場合は緑系統の感受性に問題が生じ2型あるいはD型（Deuteranope），S錐体の場合は青系統の感受性に問題が発生し3型あるいはT型（Tritanope）と呼ぶ。発現頻度はP型が最も多く，次にD型であり，T型はごく稀である。P型とD型の人は，それぞれ赤と緑が感じることができない（感じにくい）ため，赤と緑や青と紫，水色とピンク等の識別が困難となる。

　色覚異常に関係する遺伝子はX染色体に存在している。女性はX染色体を2本持っているため，色覚異常となるのは2本とも色覚障害の遺伝子を持つ染色体を持つ場合である。1本のみの場合は遺伝的保因者となるが本人には色覚異常が生じない。日本人の色覚異常者は男性で20人に1人，女性で500人に1人程度であり，女性の遺伝的保因者は10人に1人と言われている。

　表示などにおいて色覚異常に配慮するためには，識別しにくい色の組合せを避ける，色だけに依存した表示をしない，色を使用する場合は十分なコントラストを確保するといった工夫が必要となる。道路標識や公共施設の案内板などに用いる色（安全色）はJISにより規格化されているが，従来の規格は色覚異常によっては判別しにくいものとなっていた。そこで，多様な色覚を有する人々に対応するために，2018年に規格（JIS Z 9103）が改正された[18]。安全色は赤，黄赤，黄，緑，青，赤紫の6色であるが，赤や黄赤に，緑は少し黄みに寄せ，黄や青は明度をやや上げ，赤紫は青みに寄せるなどの修正を行っている。

2.7.3 色の見えやすさ

特に探しているわけではない場合における対象の人目の引きやすさを誘目性，探そうとした場合の発見のしやすさ，目で見たときの確認のしやすさ，見やすさを視認性，文字や記号の読みやすさを可読性という。これらは背景と対象とのコントラストが重要であるが，一般的には赤や黄といった暖色系（2.7.7項）は誘目性が高く，背景との明るさの差が大きい場合に視認性や可読性が高くなる。ウェブコンテンツの場合であるが，JIS X 8341-3（2016）では文字色と背景色の組合せにおいて最低限必要なコントラスト達成基準を規定しており[19]，この基準を満たしているかどうかを判定するツールが出回っている。

2.7.4 錯　　　視

色に関連する錯視としては，水彩錯視，ネオンカラースプレディングなどがある（**図2.26**）。水彩錯視は，色をつけていない領域が水彩のように滲んだ色が見える錯視である。図（a）左は，外のギザギザの内側，中のギザギザの外側に灰色の線を描いている。その間の領域はなにも色をつけていないが，やや灰色っぽく見える。もし灰色ではなく赤で描いていれば，この領域が赤っぽく見える。ネオンカラースプレディング（図（b））も色がついていない領域に色がついているように見える錯視である。灰色の半円部分に赤や黄，緑といった色をつけると，それぞれの色のセロファンを上に置いているように見える。このセロファンを置いていると見える領域は黒領域もほんのりと色がついているように感じられる。

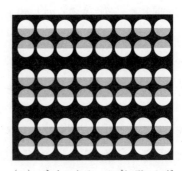

（a）水彩錯視　　　　　　　　（b）ネオンカラースプレディング

図2.26 色の錯視

2.7.5 恒 常 現 象

照明光が変わっても，物体が同じ色と知覚される現象を色の恒常性という。太陽や人工照明，それぞれ分光分布が異なるため，眼に入ってくる物体の反射光は，照明により大きく異なる。しかし，多少の照明条件の変化であれば，われわれは赤いリンゴは赤く，黄色いバナナは黄色く見える。周囲の物体の見えから照明の分光分布を推測し，補正を行っていると考えられる。

2.7.6 対比，同化，面積効果

明るさについて対比と同化現象があるように，色についても対比と同化が生じる。色には色相，彩度，明度の三つの属性がある（5.5.1項）が，それぞれにおいて対比と同化が生じる。ミカンやオクラがそれぞれ橙色と緑色の網に入れて販売されているところを見かけることがあるが，これは同化現象を利用してより色を強調しておいしそうに見せる工夫である。

色の面積が異なると色の印象が異なる。小さな面積で見た場合と比較すると大きな面積で見た場合は，明るい色はより明るく，暗い色はより暗く見える。この見え方の変化を面積効果という。このため，小さな色見本をもとに大きな面積に色がつけられた場合の印象を想像するには，慣れが必要となる。

2.7.7 色がもたらすイメージ

形と同じく，色にも多くの人が同じように感じる固有の印象がある。例えば，赤〜黄系統の色は暖かく，青系統の色は冷たく感じ[20]，それぞれ**暖色系**（**warm colors**），**寒色系**（**cool colors**）と呼ばれている。鮮やかな色の場合は，暖色は誘目性が高く力強い印象を，寒色は知的な印象を感じる[21]。暖色，寒色はほかに，それぞれ，膨張色，収縮色，そして，進出色，後退色とも呼ばれ，名前が示すような心理的効果を有している。また，暖色系は食欲をそそる色でもあり[22]，飲食店などでは暖色系の内装や照明が多用されている。

色の明るさは軽さ重さという重量感にも影響を及ぼす。明るい色は軽く，暗い色は重く感じる[23]。引越業者が白いダンボールを使用することが多いのは，清潔感を与えるという意味もあるであろうが，運ぶ人にダンボールを軽く感じさせるためでもある。明るい色は，大きく，柔らかいという印象も与える。

さらには，それぞれの色はさまざまな連想を引き起こし，特有の印象を人に与える。**表2.2**はその一例である[24]が，この連想や印象は性別や年齢，時代や文化などによって変化する。加えて配色（5.5.8項）によっても印象は変わる。見る人，使う人にどういう印象を持たせたいかを考えて色を選ぶ必要がある。

表 2.2 色のイメージ

色	イメージ	
	抽象的なイメージ	具体的なイメージ
赤	愛, 歓喜, 情熱, 強い, 派手, 危険, 怒り, 闘争的, 活動的	太陽, 血, りんご, 炎, 口紅, 消防車
橙	温かい, 親しみやすい, 明るい, 快活, 楽しい, 健康, 安い, 低俗	炎, 夕日, オレンジ, 柿, 人参, ビタミン
黄	希望, 喜び, 幸福, 躍動, 暖かい, にぎわい, 注意, 警告, 騒がしい	光, 金, バナナ, レモン, 信号, 子供
緑	安全, 平和, 公平, 生命, 再生, 癒し, 新鮮, 若い, 未熟	自然 (山, 森, 草原, 植物), 信号, ピーマン, キュウリ
青	冷たい, 静か, 冷静, 信頼, 誠実, 知性, 爽快, 憂鬱, 孤独	空, 海, 水, 夏, 制服, 信号
紫	高貴, 神秘, 古典的, 和風, 不吉, 大人, 死, 悪魔, 高級	ぶどう, なす, 菫, あじさい, ラベンダー, 着物
白	純粋, 無垢, 清潔, 純白, 未来, 新しい, 善, 真理, 緊張	雪, 雲, 花嫁, ミルク, うさぎ, 白衣
灰	あいまい, 洗練, 都会的, 渋い, 控えめ, 上品, 落ち着き, 不安, 不正	ビル, アスファルト, 冬, ネズミ, 大人, 曇り空
黒	強い, 高級, クール, 恐怖, 悲しい, 孤独, 反抗, 不吉, 威圧的	闇, フォーマル, 髪, カラス, 葬儀, ファッション

2.8 聴覚系（耳）の構造と機能

　われわれが聞いている音，**可聴音**（audible sound）は空気の振動（音波）である．耳では以下のような仕組みで音波を神経活動へと変換している．耳は**図 2.27**に示すように大きく外耳，中耳，内耳の三つに分けることができる．外耳は耳介と外耳道からなり，耳介は音波を集める役割，外耳道は音波を鼓膜へと導く役割を果たしている．外耳道の奥にある鼓膜は 0.1 mm ほどの厚さの膜で，外耳道を通ってきた音波により振動する．中耳は鼓室，耳小骨と呼ばれる接続した三つの骨（ツチ骨，キヌタ骨，アブミ骨），耳管から構成されている．ツチ骨は鼓膜と，アブミ骨は内耳の前庭窓に接続しているため，鼓膜の振動は耳小骨を経由して内耳へと伝えられる．

　内耳は音を知覚する蝸牛管が入った蝸牛，平衡感覚を知覚する前庭と半規管に分けられ，内部はリンパ液で満たされている．蝸牛は名前の通り蝸牛（かたつむり）のような形状をしているが，内部は一つの通路ではなく，前庭階，鼓室階，中央階（蝸牛管）の三つに分けられる（**図 2.28**）．前庭階の一方の端は前庭窓であり，アブミ骨から伝わった前庭窓の振動は前庭階の外リンパ液の振動となり，前庭窓側（蝸牛の底部）から奥（蝸牛の頂部）へと伝わっていく．前庭階の奥は行き止まりではなく開いており，鼓室階とつながっている．この

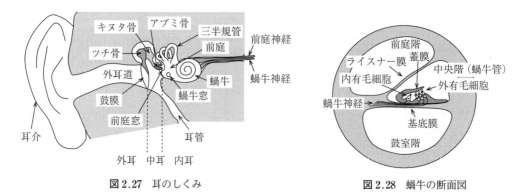

図 2.27 耳のしくみ　　　　図 2.28 蝸牛の断面図

ため，前庭階の外リンパ液の振動は，鼓室階を通って頂部から底部へと戻る形になり，鼓室階の端である蝸牛窓を揺らす。蝸牛窓は中耳の鼓室と接しているため，蝸牛窓の振動は中耳の空気を振動させる。中央階（蝸牛管）は前庭階と鼓室階の間に存在するが，中央階と前庭階の間はライスナー膜，中央階と鼓室階の間は基底膜で区切られている。基底膜は底部において，頂部よりも広く厚く硬くなっている。その結果，基底膜は，底部では高い音に対してよく振動し，頂部で低い音に対して振動する。基底膜の振動は中央階の内部を満たす内リンパ液の振動となる。基底膜にはコルチ器（らせん器）があり，内有毛細胞と外有毛細胞の2種類の有毛細胞が備わっている。内有毛細胞は内リンパ液の振動を電気信号に変換し，蝸牛神経を経て聴神経へと情報を伝える。外有毛細胞は基底膜の振動を増幅させ，内リンパ液の振動を増大させる役目をしている。

2.9 音 の 知 覚

2.9.1 音 の 大 き さ

音の大きさ，高さ，音色は音の三要素として知られている。音の大きさは音の強さのことであるが，物理的には音の強さは音圧である。単位はパスカル〔Pa〕であり，1パスカルは 1 m² につき 1 ニュートン〔N〕の力がかかる圧力である。正常な聴力を持つ人の最小可聴閾値（なんとか聞こえる最小の音圧）は 1 000 Hz においては 20 μPa，音として聞こえる最大の音圧は 20 Pa とされる。しかしながら，音圧で表現すると聞こえる音の強さの範囲は非常に大きくなり，扱いづらい。そこで，フェヒナーの法則（2.1.1項）も考慮し，音の強さは最小可聴閾値の何倍であるかという値に対数をとった以下の式で求めた**音圧レベル**（sound pressure level）を用いる。

$$L_p = 20 \log(P/P_0)$$

P_0 は最小可聴閾値（20 μPa），P は表現したい音の音圧であり，単位はデシベル〔dB〕で

2.9 音の知覚

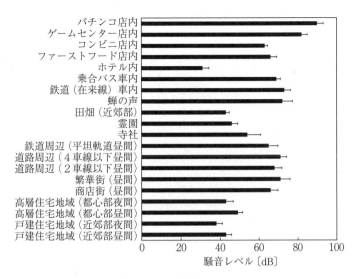

図 2.29 生活騒音の大きさ

ある。図 2.29 は日常生活環境における音圧レベルの計測結果である[25]。

音圧レベルと人が感じる音の大きさとは直線的な比例関係にはない。人が感じる音の大きさは**ラウドネス**（loudness）という。ラウドネスは，1 000 Hz の純音の音圧レベル 40 dB の音の大きさを 1 ソーン〔sone〕として，音がその何倍の大きさに聞こえたかを数値化している。例えば，正常な聴力を持つ人が 1 ソーンの 2 倍の大きさと聞こえた音は，2 ソーンとなる。音圧レベルとラウドネスとの間には，べき法則（2.1.2 項）が成立する。べき指数は 1 000 Hz の純音で 0.3 であり，音圧レベルが 10 dB 増加するとラウドネスが 2 倍になる[26]。

音圧レベルは同じでも，音の周波数が異なると音の大きさも違って感じられる。そこで，1 000 Hz の純音の音圧レベルと同じ数値をフォン〔phone〕という単位で表し（例えば，40 dB を 40 フォン），1 000 Hz の純音と同じ大きさの音に聞こえる音圧を各周波数において求めたものを等ラウドネス曲線という（**図 2.30**）[27]。500 Hz 以下の低い周波数では曲線が大きく上昇していることから，それよりも高い周波数と比較して大きな音がしないと同じ大きさの音と知覚されないのがわかる。3 000～4 000 Hz あたりでは音圧レベルが下がっており，その周波数付近で敏感であることが示されているが，これは外耳道の閉管共鳴によるものである。

高齢になると聴力が衰えてくるが，その衰え方は周波数により異なる。**図 2.31** は 18 歳の聴覚閾値を基準（0 dB）とし，純音を聴いた場合の最小可聴閾値の偏差を示している[28]。図からわかるように，年齢があがると周波数が高いときの閾値上昇が激しくなっており，高音が聞こえにくくなる。

36   2. 人間の感覚知覚

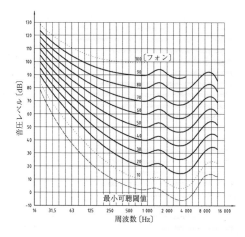

図2.30 等ラウドネス曲線

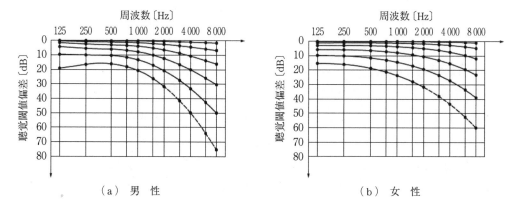

(a) 男性　　　　　　　　　　(b) 女性

図2.31 聴力の衰え
（データは上から30歳代，40歳代，50歳代，60歳代，70歳代，80歳代）

2.9.2 音の高さ

音の高さを決める物理量は周波数であり，ヘルツ〔Hz〕が単位である。正常な聴力を持つ若い人が聞くことができる周波数範囲は20～20 000 Hzと言われている。周波数が低い場合は低い音に聞こえ，周波数が高い場合は高い音に聞こえる。主観的な音の高さは**ピッチ**（**pitch**）という。周波数が2倍になっても音の高さとしては2倍には聞こえない。このため，40 dBで1 000 Hzの純音の高さを1 000メル〔mel〕とし，音がその何倍の高さに聞こえたかを数値化して，主観的な音の高さを表す尺度が定められている。

二つの音の周波数比が2倍あるいは1／2倍の関係にある場合を**オクターブ**（**octave**）という。**図2.32**はシェパードの単純螺旋と呼ばれる図[29]を多少修正した図で，周波数が上がると単調にピッチが上がっていくのではなく，上昇しながら螺旋を描き，1オクターブ上がると似た印象の音が出現する循環性があることを示している。

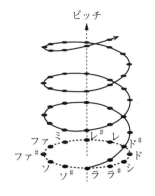

図 2.32 シェパードの単純螺旋

2.9.3 音　　色

楽器にはその楽器独自の**音色**（timbre）がある。同じ大きさ，同じ高さの音を出しても，楽器による音色の違いは明らかである。また，同じ楽器であれば，違う大きさ，違う高さの音でも，同じ楽器からの音だとわかる。さらには，同じ楽器でも演奏する人によって音色が異なり，プロの演奏家はその卓越した演奏技術によって，聞き手にとって心地よい音色を出すことができる。

音色には非常に複雑な要素が関係しているが，音波の持つ周波数成分と関係が深い。最も低い周波数の音を基音，基音の整数倍の周波数の音を倍音という。基音や倍音の強さの比率が音色を決定する要素の一つとなっている。また，音色は音圧や音の時間変化の影響も受ける[30]。

2.9.4　音源方向と距離

われわれが音源の方向をかなりの正確さで知覚できるのは，二つの耳に聞こえる時間差，ならびに強度差をその手がかりとしている。右や左からの音は，音源に近い耳に早く到達し，強く聞こえる。実験的に，時間差と強度差を通常では生じない組合せ（例えば，左の耳に早く聞こえるが強度は弱く，右耳にはその逆）で音を提示すると，音は中央付近に定位する。1 500 Hz よりも低い音の場合は時間差，高い音の場合は強度差が音源方向決定の有力な手がかりとして用いられる[31]。

顔の正面や真後ろからの音は時間や強度に差がない。この場合は，音のスペクトルの違いで判断するが，スペクトルの違いは音源方向の手かがりとしては弱く，正面からの音，真上からの音，真後ろからの音は弁別が難しい。

また，音源までの距離についても手がかりが乏しく，非常に推定が困難である。**図 2.33** は正面の位置にある音源までの距離を推定した結果であるが，2 m くらいまでは正確であるが，2 m を超えると実際よりもかなり近くに推定していることが示されている[32]。

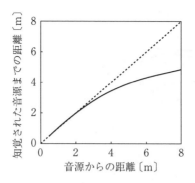

図 2.33 正面方向における音源の距離知覚

2.9.5 錯聴

視覚と同様に聴覚にも錯覚が生じる。聴覚の錯覚を**錯聴**（auditory illusion）という。周波数が少し異なる二つの音を同時に聞いたとき，実際には存在しない音が聞こえることがある。これを結合音といい，二つの音の周波数の差に等しい周波数の音が聞こえる場合（差音）と，二つの音の周波数の和に等しい周波数の音が聞こえる場合（加音）がある。

オランダのエッシャーはいつまでも登り続けることができる（あるいは下り続けることができる）階段のだまし絵を描いたことで有名であるが，聴覚においても類似した無限音階（シェパードトーン）と呼ばれる現象がある[33]。無限音階は循環性（2.9.2項）を利用して作成されており，音階が無限に上がっていく（あるいは下がっていく）ように聞こえる。

音楽や音声を聞いているときに音がところどころ途切れていると非常に聞きづらく感じる。しかし，音の途切れの部分に雑音（ノイズ）を入れると，雑音で中断はされるが，音楽や音声自体は滑らかにつながっているように聞こえる。これを連続聴効果（音声の場合は音韻修復）という。補完現象（2.4.5項）の一つである。

2.10 マルチモーダル知覚

視覚，聴覚，触覚などの諸感覚における知覚は，ほかの感覚からの影響を受けることが知られている。複数の感覚を統合した知覚を**マルチモーダル知覚**（multimodal perception）という。2.6.3項で紹介したベクションは，視覚が体性感覚に影響を及ぼしたマルチモーダル知覚の結果として生じる現象である。

腹話術では，人形は言葉を発していないにもかかわらず，言葉を発しているかのように知覚される（腹話術効果）。また，テレビや映画でも，映っている人物の口の位置と音源（スピーカ）の位置は異なるが，そのことにさほど違和感を感じることはない。しかし，口の動

きと聞こえてくる音声に時間差が生じると途端に違和感が生じる。つまり，視覚情報と音声情報の時間的な一致が重要な要因である[34]。

音韻の知覚においては，マルチモーダル知覚として，マガーク効果がよく知られている[35]。発話する人物の映像に発話している音韻とは異なる音韻が聞こえるようにした動画を視聴したとにき，第三のさらに異なる音韻を知覚する現象である。代表的な例としては，人が「が，が，が」と言っている様子を映した無声映像に「ば，ば，ば」という音を合わせて視聴させると，「だ，だ，だ」と知覚される。眼をつぶれば「ば，ば，ば」と聞こえるが，映像を見るとその唇の動きの影響を受ける。「が」は口唇が開いたまま発音される音であるが，「ば」は最初に口唇を閉じた後に開いて発音する音である。このため，「が」と「ば」の中間の口唇の動きをして，「ば」と音が近い，「だ」が知覚される。

ラバーハンド錯覚は，視覚的に隠された自分の手とその近くに置かれた見ることができるゴム製の手の両方に同時に触覚刺激が繰り返されると，しだいに見えているゴム製の手が自分の手のような感じがしてくる現象である[36]。自分の身体を自分のものと感じる感覚を自己所有感というが，ラバーバンド錯覚はゴム製の手に自己所有感が転移したことになる。また，ある行為を自分が行っているという感覚を自己主体感という。自分以外の対象に対して自己所有感や自己主体感が生じることは自己の拡張が生じていると考えられる。使い慣れた道具などはこのような自己の拡張が生じている可能性が考えられる。

課　　題

（1） HP画面やアプリケーション画面，プロダクトのデザインでゲシュタルト法則がどのように使われているのかを考えてみよう。
（2） 色覚異常に対してどのような配慮がなされているか調べてみよう。そして，色覚異常者に対してもっと配慮すべきと思えるものを見つけてみよう。
（3） 形や色がもたらすイメージについてもっと調べてみよう。
（4） 音声案内や警報音，通知音について調べてみよう。
（5） 触覚について調べてみよう。

推　薦　図　書

・大山　正：視覚心理学への招待，サイエンス社（2000）
　　視知覚について，比較的オーソドックスに紹介がなされている。
・吉田友敬：言語聴覚士の音響学入門，海文堂出版（2005）
　　CDが付属しており，音を聞きながら聴知覚について学習をすることができる。

3章
人間の知的機能

　哲学者のカントは，人間の心の働きを，知情意，つまり知性，感情，意志の三つに区分して考えた。この章では，知性と関わりが深い学習や記憶，注意，思考などの諸機能について扱う。最初に学習ならび動作に関する法則について説明する。学習というと学校での勉強をイメージしてしまうが，経験を通してなにかを身につけることはすべて学習という。運動技能学習を取りあげているのは，モノを操作することには運動技能の側面があるためである。また，動作に関する法則は，実際にヒューマンインタフェース設計で必要となることがある事項である。これらに続いて，記憶，注意，思考について説明する。これら知的機能の特性や限界を知り，それをヒューマンインタフェース設計に反映させることは，わかりやすい，使いやすいモノを設計するときのポイントの一つである。次にヒューマンエラーを取り上げる。ヒューマンエラーは知的機能が有効に働かなかったときに生じるものであるが，やり間違い，やり損ない，勘違いなどのヒューマンエラーは人間の努力だけでは回避することができない。ヒューマンエラーを防止するために，ヒューマンインタフェースとしてどのような工夫がなされているかについて見ていく。最後に認知実行に関するモデルをいくつか紹介する。モデルを学習することにより，設計，評価，分析の際の理解を深めることができる。

3.1　学　　　習

3.1.1　条件づけ

　生理学者のパブロフは，犬に餌を与えるときにメトロノームの音を聞かせていると，音を聞いただけで犬が唾液を分泌するようになることに気がついた[1]。このことは，メトロノームの音が聞こえることと餌がもらえることとの間になんらかの関係があることを，犬が学習したことを示している。このような**学習**（learning）を**条件反射**（conditioned reflex）あるいは**古典的条件づけ**（classical conditioning）という。餌を見ると自然に犬は唾液を分泌するが，音が餌と一緒に提示されることで，しだいに音は餌と関連する刺激となり，音の提示だけで唾液分泌を引き起こすようになる。

　ソーンダイクやスキナーは，動物が自ら行動するときの学習過程についての研究を行った[2],[3]。動物の行動に対して賞罰を与える彼らの方法を**オペラント条件づけ**（operant conditioning）という。オペラントとは operate（操作する）から作ったスキナーの造語であ

る。ソーンダイクは，空腹にした動物（ネコ）を，一定の手順で操作すれば扉が開いて脱出できる箱（問題箱）に入れ，外にある餌を食べるために動物が試行錯誤を繰り返して脱出する様子を観察した。最初は，動物が脱出するまでにかなりの時間がかかるが，何度も繰り返して問題箱に入れて脱出させると，そのうち時間が短縮していくことから，彼は，偶然行った操作により脱出が成功するという経験を何度も重ねるうち，その行為と箱の中の状態の知覚との結びつきが徐々に強くなると考えた。一方，スキナーは，スキナー箱と呼ばれる実験装置を考案し，動物（主としてネズミやハト）が餌を獲得する行動を記録した。典型的なスキナー箱では，ネズミが反応レバーを押す，あるいはハトが反応キーをつつくと餌が出てくる仕組みとなっており，動物は自らの行動と餌の関係を学習する。このプロセスを強化という。強化をやめて，レバーを押したりキーをつついたりしても餌が出てこないようにすると，しだいに動物は強化により学習した行動をしなくなる。これを消去という。

　強化の方法として，反応が毎回強化される連続強化と，反応が時々強化される部分強化がある。連続強化は新しい行動を学習させたいときに向いている方法である。部分強化には，どういうタイミングで強化するか（スケジュール）によって四つのタイプがある[4]。

1) **固定間隔スケジュール**：一度強化があると一定時間経過しないと次の強化が生じない。強化が生じる時間間隔はつねに一定である。強化の時期が近づくと反応が増えるが，強化直後は反応が減る傾向がある。

2) **変動間隔スケジュール**：一度強化があると，ある程度の時間が経過しないと次の強化が生じないことは固定間隔スケジュールと同様であるが，その時間間隔が変動する。このスケジュールは，それほど頻繁にではないが，安定的，定期的に反応してもらいたいような習慣を形成させたい場合に向いている。

3) **固定比率スケジュール**：お店のスタンプカードや出来高制の仕事に対する報酬のように，一定回数反応すると強化が生じる。強化の直後は反応が少ない傾向がある。

4) **変動比率スケジュール**：パチンコやスロットマシーンのように，強化が生じるために必要な反応の回数が毎回不規則に変動する。強化されている側からすると，報酬がもらえるタイミングがわからず，そのために報酬を期待して，何度も反応をしてみることになる。反応が定着する傾向が強く，強化をやめてもしばらくは反応が持続する非常に強力な強化スケジュールである。

3.1.2 運動技能学習

　ある運動を反復練習するとしだいに，円滑に効率よくその運動が行えるようになる。このような**運動技能**（motor skills）の学習は,意識的に技能を獲得する認知段階,感覚と運動の連合づけを行う連合段階，行為に熟達していく自動化段階の3段階に分けることができる[5]。

初期の認知段階では，どういう動作をすればいいのか，一つひとつゆっくりと丁寧に確認しながら動作を行っていく。このとき，言葉を使って自分自身に語りかけるように動作していくことも多い。次の連合段階では，しだいに間違いや無駄な動きがなくなり，意識的に身体を動かしていた状態から徐々に無意識に身体を動かす手続的記憶（3.3.2項）へと移行していく。さらに練習や経験を重ねると，ほとんど意識することなく素早く正確に実行できる自動化段階へと進んでいく。自動化段階では，動作について意識することがほとんどないため，ほかの動作と同時に行うようなことも可能となる。

運動技能の学習においては，結果のフィードバック（結果の知識）が重要となる。行った行為が正しかったのか，間違っていたのか，もし間違っていたのであれば，どんなふうに間違っていたのかを知ることで，次の機会に修正をすることができる。このようなフィードバックは，行為を行って時間が経ってからでは効果が弱く，行為を行った直後がよい。

単純な動作や動作の理想形があるような運動技能に関しては，学習は二段階に分けられるとするアダムスの閉回路理論が適用できる[6]。第一段階は正しい動作を行ったときの身体感覚を形成する段階であり，第二段階は第一段階で学習した身体感覚と現在の身体感覚の違いをもとに行為の修正が行える（閉回路を形成する）ようになる段階である。

人間のさまざまな動きは関連する筋肉の協調的な活動の結果であるが，ある動きをするために脳から筋肉へ送る指令のセットを運動プログラムという。シュミットは，運動プログラムを抽象化したもの（一般化された運動プログラム）をスキーマと呼び，運動技能学習のスキーマ理論を提唱している[7]。この理論では，運動技能の学習は，一般化された運動プログラムから状況に応じた適切な動作を行う運動プログラムを生成する再生スキーマと身体感覚から現在の動作が正しいかどうかを知る再認スキーマの二つのスキーマを発達させるプロセスと考える。

休憩を入れずにまとめて練習をする**集中学習**（concentrated learning）と休憩を入れる**分散学習**（distributed learning）とでは，一般的には分散学習のほうが効果的とされる[8],[9]。理由として，集中学習の場合には，同じ行為を繰り返すことで飽きがきて注意力が維持できないことや疲労が蓄積することなどが考えられている。休憩の後に成績が向上するレミニセンス（元々は，記憶において，学習した直後よりも一定時間経過したときのほうが成績がよい現象）が生じることもある[10]。

3.1.3 学習プロセス

学習の進行度をグラフ化したものを**学習曲線**（learning curve）と呼ぶ（**図3.1**）。曲線のパターンはさまざまであり，学習を始めるとすぐに成績が向上する場合，逆に学習をしてもなかなか成績が向上せずにある程度進んでから急に成績が上がる場合，途中で**プラトー**

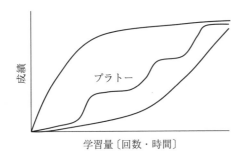

図3.1 学習曲線

(plateau)[11]と呼ばれる停滞状態が生じて階段状に進行する場合などがある。プラトーは学習に対する飽きや意欲減退，疲労などにより生じがちであるが，この時期は次の展開への準備期と見ることもできる。

先に学んだことが後の学びに影響を及ぼすことを**転移**（transfer）というが，先に学んだことが後の学びに役に立つ場合を正の転移，逆に先に学んだことが後の学習を阻害する場合を負の転移という。例えば，ある機械を操作した経験が別の機械の操作に役に立ったならば，正の転移が生じていたことになる。二つの学習の間に類似要素が多く類似した対応が可能であればあるほど正の転移が起こりやすく，後に学ぶ学習において先の学習とは異なる対応をしなければならない場合に負の転移が起こりやすい。

転移は三つの運動技能学習段階すべてにおいて生じる。認知段階では，新しいことを学習する構えに影響し，先に学んだ経験は次の学習の基準となる。正の転移が生じるような場合，学習は容易に進むが，負の転移が生じる場合は学習に時間がかかる。中期の連合段階やさらに自動化段階においても転移の影響が観察される。ちょっとしたとき，ストレスがかかったときなどには，先に学んだ行動が生じやすくなる。

3.2 動作に関する法則

3.2.1 ヒック-ハイマンの法則

刺激が提示されてから反応を開始するまでの時間を**反応時間**（reaction time）という。刺激が1種類のときには反応時間は短いが，刺激が複数あり，それぞれの刺激に対して決められた別の反応を行う場合は，刺激の数が増えれば増えるほど反応時間は長くなる。刺激の生起確率が等しい場合の刺激の数（＝選択肢数）と反応時間の関係に関して，ヒックは

$$RT = a + b \log_2 N \quad (RT：反応時間，N：選択肢数，a と b：定数)$$

と定式化した（**図3.2**）[12]。これを**ヒックの法則**（Hick's law）という。

また，ハイマンは，刺激の生起確率が異なる場合を考え

$$RT = a + b \log_2(1/p) \quad (p：生起確率)$$

44   3. 人間の知的機能

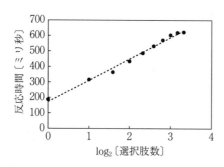

図 3.2　ヒックの法則

とした[13]。この式はヒックの法則を包含するため，これを**ヒック-ハイマンの法則**（Hick-Hyman law）という。反応時間は情報の不確定性に依存することを意味している。

3.2.2　フィッツの法則

フィッツは，手に持った鉛筆の先端をある場所から別の場所にすばやく移動するような場合に必要となる時間（移動時間）は，距離とターゲット（目標）の大きさに依存することを発見し

$$MT = a + b \log_2(2A/W)$$

（MT：移動時間，A：移動距離，W：ターゲットの大きさ，aとb：定数）であることを示した（**図 3.3**）[14),15)]。この式は**フィッツの法則**（Fitts' law），$\log_2(2A/W)$は困難度（Index of Difficulty, ID）と呼ばれる。フィッツの法則は，GUIのコンピュータ作業において，アイコンをクリックするのに要する時間を推定することなどに用いることができる。

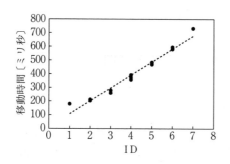

図 3.3　フィッツの法則

3.2.3　練習のべき法則

運動技能は，練習を重ねれば重ねるほど上達するが，上達速度はしだいに落ちてくる。課題遂行時間を指標とした場合，練習回数を P，遂行時間を T とすると

$$T = NP^c$$

となる[16]。N は課題の難易度，c は学習率（$-1<c<0$）である。

3.3 記　　　　憶

3.3.1 記憶の過程

記憶プロセスを時間の流れとして見ると，覚える（符号化），保持する（貯蔵），思い出す（検索）の三つの過程が仮定でき，それぞれがうまく機能することで**記憶**（memory）が成立する（**図 3.4**）。

図 3.4 記憶の段階

符号化の段階では繰り返すことが必要であるが，条件反射（3.1.1 項）を形成するときのようにひたすら繰り返すだけでは，なかなか記憶にはつながらない。このため，連想を利用する，意味処理をすることなどの工夫が必要となる。連想を利用した一例としては，パーソナルコンピュータのショートカットキーの文字割当において，処理内容の英字とキーを揃えることが挙げられる（例えば，印刷 print は P）。また，意味の整合性が取れるように設計されていれば，論理的思考に基づいて推測することができ，覚えやすくなる。メニューの項目配置で，あるべき項目があるべき位置に配置されていると格段に覚えやすい。

記憶は時間とともに薄れて，覚えたものはしだいに思い出せなくなる。どのように思い出せなくなっていくかについては，エビングハウスの忘却曲線が知られている[17]。エビングハウスの実験は無意味つづりという言葉の連想が効かず覚えにくい非常に人工的な素材を使ったものではあったが，**図 3.5** にあるように覚えてすぐに忘却が始まっている。また，文

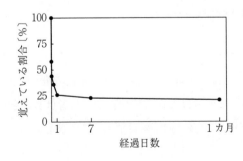

図 3.5 エビングハウスの忘却曲線

章や図形を用いて行われたバートレットの研究が示すように,記憶の変容も徐々に生じる[18]。彼は,知識を体制化する際の枠組みを**スキーマ**(schema)と呼んだ。スキーマは過去の経験や文化などの影響を強く受けるものであるが,日常生活のさまざまな場面においては,見聞きする状況の認知はスキーマに従って解釈され記憶される。

思い出すという検索の段階においては,手がかりの有無は大きな違いとなる。覚えたことをそのまま思い出す(再生)よりも,候補の中から覚えたことを探させる(再認)ことのほうが検索が容易となる。誰でも経験する現象に舌先現象(Tip of tongue)がある。喉元まで言葉が出かかっているのに出てこないという現象であるが,誰かが思い出そうとしている言葉を言うとすぐに「それだ」とわかることからも,再生と比較して再認が容易であることがわかる。コンピュータの操作ではCUIはコマンドの再生が必要となるため記憶負担が大きいが,GUIはメニューからコマンドを選ぶという再認方式であり記憶負担が遥かに小さい。

3.3.2 貯蔵モデル

図3.6はアトキンソンとシフリンによる記憶のモデルである[19),20)]。このモデルでは,記憶は情報の保持時間特性から,感覚記憶,短期記憶,長期記憶の三つに大きく分類される。

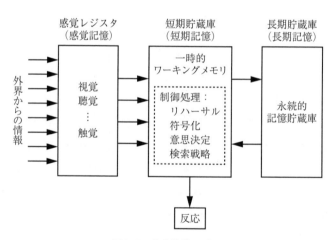

図3.6 多重貯蔵モデル

1) **感覚記憶**(sensory memory)[21)]:感覚器官から受け取った情報をそのままの形で記憶に留めたものである。視覚情報の場合はアイコニックメモリ,聴覚情報の場合はエコイックメモリと呼ばれる。保持時間は,前者は数百ミリ秒程度,後者は数秒程度である。非常に短い時間しか保持できないため,多くの情報は消失してしまう。

2) **短期記憶**(short-term memory):注意を向けた対象に関する感覚記憶の情報は符号化されて短期記憶で貯蔵される。短期記憶の保持時間は15〜20秒程度であり,保持容量は7±2チャンクと言われている[22]。チャンクとは情報の固まりを意味する。しかし,最近では,容量はもう少し小さく,4±1とも言われている[23]。記憶したい事項を何度も唱えることをリハーサルというが,リハーサルには,単純に反復し短期記憶に留めておくだけの維持リハーサルと,分析したり他の記憶との関連を探したりしながら長期記憶へと組み入れようとする精緻化リハーサルがある。

3) **長期記憶**(long-term memory):永続的に保持でき,無限の保持容量を持つと仮定されている。昔のことを思い出すことができないのは,記憶が失われたのではなく,検索に失敗している状態である。

長期記憶は**図3.7**のようにさらに細分化される[24]。まず,記憶内容を言葉で説明できる宣言的記憶とそうでない非宣言的記憶に分けられる。宣言的記憶には,一般的な知識や事実に関する意味記憶と出来事に関するエピソード記憶(日時,場所,そのときの感情)がある。

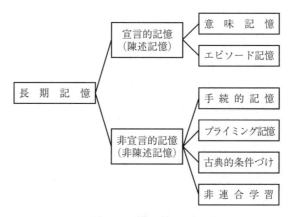

図3.7 長期記憶の種類

一方,非宣言的記憶には手続的記憶,プライミング記憶,古典的条件づけ(3.1.1項),非連合学習が含まれる。手続的記憶は技能や技術に関する記憶である。泳ぎ方や自転車の乗り方などの運動性技能,外国語の聞き取りのような知覚性技能,四則演算をするときのような認知性技能に区別される。プライミング記憶とは,先に獲得した情報(プライム)の記憶が無意識に後続する情報の処理に影響を及ぼす記憶現象をいう。非連合学習とは,同じ刺激が反復すると反応が減弱したり(慣れ),増強したり(鋭敏化)することをいう。

また,深い情報処理がなされた場合には記憶に残りやすくなる(処理水準説)[25]。この説では処理水準を,処理の浅い物理的水準,中くらいの音響的水準,深い意味的水準の三つの水準に分ける。例えば,外国語の単語を覚えたい場合,文字を目で見て記憶しようとするのは物理的水準,音を聞いたり自分で発音したりするのは音響的水準,接頭語や接尾語などに

着目したりして単語の成り立ちなどを分析してみるのが意味的水準となる。

3.3.3 ワーキングメモリ

貯蔵モデルにおいては情報の貯蔵という静的なモデル化をしているのに対して，**ワーキングメモリ**（working memory）は，次々と新しい情報が取り入れられる日常生活場面において，一時的に保持された記憶がどのように処理されているかを説明するモデルである。受験勉強のときのように記憶すべきことを脇目も振らずに丸暗記するという場面は日常生活ではそんなに多くはない。多くは記憶を使いつつ他の複数の活動を同時並行的に進めている。会話を例にとると，会話では，相手の話す内容を聞きながら理解し要点を記憶する。加えて自分の考えをまとめて返事をする。このとき，会話の進行に伴って順次，記憶内容を更新していくという作業も行っている。こういった場面での記憶の働きを説明するモデルがワーキングメモリである。

ワーキングメモリにはいくつかのモデルが提案されているが，最も有名なバッデリーとヒッチによるモデルはマルチコンポーネントモデル[26]であり，最近のモデルでは，中央実行系，視空間スケッチパッド，音韻ループ，エピソードバッファの四つのコンポーネントがある（**図3.8**）[27]。視空間スケッチパッドにおいて視覚情報の保持や操作，音韻ループで言語情報の保持や操作，エピソードバッファでは自身の出来事であるエピソードについて味覚や嗅覚なども含めた異なるモダリティの情報の統合や長期記憶との情報交換が行われる。中央実行系は情報を保持する機能はないが，他のコンポーネントや長期記憶の活動を監視し，情報の流れや活動を制御する中枢的存在である。さらに中央実行系は注意機能を制御する役割も担っている。

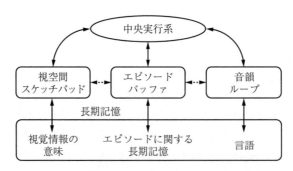

図3.8　ワーキングメモリ

ワーキングメモリの容量を計測するテストとして，リーディングスパンテストが開発されている[28]。このテストは，短いいくつかの文章を読みながら，指定された（例えば，下線が引かれた）文中の単語を記憶するテストである。文章を読むという作業と記憶をするという作業が同時に課されている。

3.4 注　　　　意

3.4.1 受動的注意，能動的注意

注意（attention）は知的機能の基盤であるが，非常に捉えにくい脳機能であり，さまざまな分類がなされ，用語が使われている。古くから用いられている注意の分類方法として，注意を受動的注意と能動的注意に分類する方法がある[29]。

受動的注意（passive attention）：本人としては注意を向けるつもりはなかったのに，思わず注意を向けてしまうという場合の注意である。例えば，テレビを見ているときに部屋の外で大きな音がしたとしよう。部屋の外には注意を向けてはいなくても，大きな音であれば音がしたことに気がつき，場合によっては音がした方向に反射的に目を向けるという行動が生じる。受動的注意とは，このような場合の注意であり，外発的注意，ボトムアップ性注意とも呼ばれる。大きな音や光の点滅などは，われわれの注意を引くが，何度も繰り返されると慣れが生じてしまい，注意を引きつける力が失われていく。ヒューマンインタフェースでは，異常事態が発生したときなどにおいて，聴覚や視覚を刺激して受動的注意が働くようにしている。

能動的注意（active attention）：本人が意識的にある対象に注意を向ける場合の注意であり，内発的注意，トップダウン性注意ともいう。興味がある対象については比較的長時間注意を向けておくことができるが，そうでないような場合には，飽きたり雑念が生じたりして，すぐに注意を維持することができなくなる。意識的に注意をある対象に向け続けることを持続的注意という。また，われわれは，感覚器官からたくさんの情報を受け取っているが，情報を処理する能力には限界があり，そのすべてを詳細に分析することはできない。興味をひく対象が複数ある場合には，注意を振り分ける必要がある。このような場合の注意の働きを選択的注意という。

3.4.2 選択的注意

選択的注意（selective attention）の例として，カクテルパーティ効果（たくさんの人々が会話をしている喧騒の中でも特定の人の話を聞き取ることができる）[30]として知られている現象がある。どのように情報が取捨選択されているかについては，情報処理の早い段階で取捨選択が行われるとするフィルター説[31]や減衰説[32]，すべての情報は意味処理まで行われその後に選択されるとする後期選択説[33]，情報処理の各段階において異なる作用が働いているとする説[34]などが提案され，さまざまな検討が続いている。

ある対象を選択するということは，ほかを捨てるということでもある。見えないゴリラの実験として知られている動画を用いた実験では，白いシャツを着ているチームの動きに注意を向けているときは，突然出現する着ぐるみの黒いゴリラに気づきにくいが，黒いシャツを着ているチームの動きに注意を向けたときは，黒いゴリラに気づきやすいことが示された[35]。白いシャツを着ているチームの動きに注目した場合には，白い対象に注意を集中させるために黒い物体は注意の外に置かれ，黒いシャツのチームの動きに注目した場合には，白い物体が注意の外，黒い物体は注意を向けるべき対象という選択メカニズムが働いた結果である。

3.4.3 注意資源理論

注意を比喩的に心的な資源（リソース）と捉える考え方がある。注意資源は有限であり，その時々の覚醒水準によって資源量が決定されるが，複数の事柄に注意を振り分けなければならない場合には，バランスを保ちながらそれぞれの事柄に注意を振り分ける必要がある[36]。難しい作業の場合は，その作業の遂行に対し多くの注意資源が必要となり，ほかに使える注意資源が少なくなる。作業の難易度は作業自体の性質に加えて習熟度の影響も受けるため，作業が自動化段階（3.1.2項）として実行できるようになると，ほかに振り向けられる注意資源が増加する[37]。使いにくい機器，慣れていない機器を使うような場合は，機器を使うということに注意資源が奪われ，肝心の作業に配分できる注意資源が少なくなり，作業の質や量が低下する。

注意資源を均一なものではなく，多少ではあるが特殊化しているとする考え方もある。多重資源フレームワークでは，注意資源をモダリティ，処理コード，情報処理段階，反応手段の観点から分割する（**図3.9**）[38]。複数の作業を同時に遂行する場合，これらの区分が異なるような場合（例えば，視覚を使う作業と聴覚を使う作業）は，ある程度の同時並行が可能であるが，同じ区分の場合は同じ注意資源を使用するため同時並行作業はかなり難しくなる。音楽（特にボーカルが入っていない音楽）を聞きながら本を読むことは難しくないが，

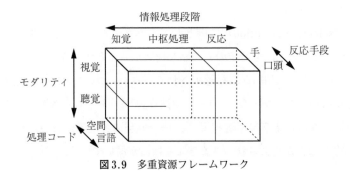

図3.9 多重資源フレームワーク

監視をしながら本を読むことは非常に難しい。この例の場合は，ワーキングメモリ（3.3.3項）において，前者は作業を音韻ループと視空間スケッチパッドに振り分けられることができるのに対して，後者は両方とも視空間スケッチパッドを利用するためとも説明できる。車の運転において，手でハンドル操作をしながら，足でペダル操作を行うようにしていることは，必要な操作をうまく振り分けた例である。

3.4.4 空間的注意

空間内の特定の位置に向けられる注意を**空間的注意**（spatial attention）という。通常，われわれは，空間内の対象に注意を向けるときには，その対象を見つめる（顕在的注意）が，視線を向けずに注意をすることもできる（潜在的注意）[39]。再び車の運転を例にとると，顕在的注意は，前方やミラーなどに眼を向けて注意したい対象に目を向けている状態，潜在的注意は，眼は向けてはいないが視野の周辺にある対象に少し気を配っている状態である。

パーソナルコンピュータのデスクトップにアイコンをたくさん置いて使っている場合を想像しよう。アイコンの数が増えれば増えるほど，どれがどれだか区別がつかなくなる。しかし，そういった場合でも，すぐに気がつくようなアイコンもある。ある対象物をほかの対象物がある中で，ひと目で認知することを**ポップアウト効果**（pop-out effect）[40]，この対象の目立ちやすさを顕著性（サリエンシー）という。顕著性は対象物が持つ属性ではなく，ほかの対象物との差異により生じるものである。色，動き，定位（方向），サイズなどが，ほかと違っているとポップアウトしやすいが[41]，**図3.10**に見られるように非対称性がある[42]。ポップアウト効果が生じる過程は，視覚情報処理の初期の段階における自動的で前注意的な過程であるとされ，刺激の方位や色などの特徴が独立に同時並列的に処理される。ポップアウトしない対象物を探すには，集中的注意（焦点的注意：特定の対象にだけ注意を向けること）を使って順次，視覚探索を行う必要がある。視覚探索を行うときの注意は，可動式のスポットライト[43]やズームレンズ[44]に例えられる。注意は，空間内のある限られた

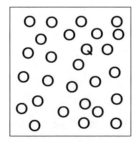

図3.10 ポップアウト効果の非対称性

領域のみしか処理することができない。このため，処理が終わると次のところへと注意を移していく必要がある。また，緻密に深い処理をしようとすると注意できる領域は狭くなり，注意できる領域を広くしようとすると粗い浅い処理となる。

3.4.5 干渉現象

注意には干渉現象と呼ばれる現象がある。色を施した色名単語を読む場合に，色と単語の意味が一致しない場合（赤色で書かれた緑という文字を見て赤と答える）に一致する場合（赤色で書かれた赤という文字を見て赤と答える）と比較して反応が遅れることをストループ効果[45]という。われわれは文字を読むことも色をいうことも，ほぼ反射的に自動化された処理ができる。このため，文字が目に入った途端に二つの処理が始まり，文字を読む処理が色をいう処理に干渉してしまう。

刺激と反応の組合せが干渉を生む場合を刺激-反応適合性効果という。代表的には空間配置によるもので，この場合をサイモン効果[46]と呼ぶ。例えば，刺激として左右に二つのLEDがあり，LED点灯に対して左右に並んだ二つのボタンのどちらかを押すという選択反応時間課題において，空間的に不一致な場合（左のLED点灯に対して右のボタンを押し，右のLED点灯に対して左のボタンを押す）には，一致している場合と比較して反応が遅くなる。自然の対応（1.2.1項）は，干渉を予防するための提案である。

3.5 思　　　考

3.5.1 ヒューリスティックス，バイアス

人間がほかの動物と異なる点の一つは，合理的思考が可能であることであるが，日常生活においては合理的でない思考に基づいた判断や意思決定も頻繁に行っている。われわれが無意識のうちに用いている簡便な思考法を**ヒューリスティック**（heuristic）という[47]。ヒューリスティックは，正解らしく感じられる解を素早く得る方法であり，それが正解であるとは限らないが実用的である。

代表的なヒューリスティックとしては，代表性ヒューリスティック（入手できた一部の情報，ありそうな情報を元に全体を判断する）[48]や利用可能性ヒューリスティック（記憶に残っているものほど頻度や確率を高く感じる）[49]，係留と調整ヒューリスティック（最初に与えられた情報が基準となり，それに修正を加えて判断する）[47]などがある。ヒューリスティックは，日常生活場面のような種々の制限がある状況では有用な思考法であるが，正しくない偏った見方に陥ってしまうことも多い。この間違った見方は**認知バイアス**（cognitive bias）と呼ばれている（**表**3.1）。

3.5 思　　　　考

表 3.1　認知バイアス

双曲割引	近い将来の出来事は遠い将来の出来事よりも価値が高く感じる
不作為バイアス	行動するよりも行動しないことを選ぶ
単純接触効果	何度も接すると評価が上がる
ネガティビティバイアス	嫌な事柄に注意を向けやすく記憶に残りやすい
正常性バイアス	異常な出来事であっても日常的なものと評価する
計画錯誤	仕事に係る時間や労力を楽観的に見積もる
インパクトバイアス	将来の出来事を想像した際に，感情を過剰に想定する
フレーミング効果	実質的には同じであっても表現方法が異なると違う印象が生じる
生存バイアス	現在残っているものだけを調べ，なくなったものを調べない
パレイドリア	普段からよく見聞きしているパターンを見出す
自信過剰効果	自己評価が客観評価よりも高くなる
後知恵バイアス	あとから，当時それが予測できたと考える
ギャンブラーの誤謬	確率論に基づかずに主観に頼る
クラスター錯覚	ランダムにもかかわらず法則があるように錯覚する
信念バイアス	間違っていても信念に合う主張を信じる
アンカリング	先に示した数字によりその後の数字の判断が歪み，先に示した数字に近づく

　このようなヒューリスティックや認知バイアスによる非合理な思考を説明するために，人間には二つの思考様式があるとする二重過程理論が提唱されている[50)～52)]。システム1と呼ばれる思考様式は高速に自動処理を行う直感型のシステム，システム2はゆっくりと分析的に思考する熟慮型のシステムである。また，システム1はシステム2よりも進化的に古いとも言われ，動機づけ（4.1節）や感情（4.2節）の影響を大きく受けるシステムである。

3.5.2　演繹的推論

　一般的な理論や普遍的な法則から必然的な論理展開により結論を導くことを **演繹的推論**（deductive reasoning）という。以下のように二つの前提から一つの結論を導く演繹的推論は三段論法と呼ばれる。

　　大前提：人間は必ず死ぬ。
　　小前提：ソクラテスは人間である。
　　結　論：よって，ソクラテスは必ず死ぬ。

　演繹的推論では正しい前提を妥当に展開していけば正しい結論に至ることが保証されているが，われわれは，しばしば確証バイアス（仮説に合致する証拠を集め，仮説に反する証拠は軽視されやすい），信念バイアス（自分の信念に一致する結論を妥当と感じやすい），雰囲気効果（三段論法において前提と結論の形式が同じであれば妥当と感じる）などの認知バイ

アスに囚われて、推論の誤りを犯す。

図3.11 はウェイソンの選択課題（4枚カード問題）である[53]。各カードには、片面にはアルファベット、裏側の面には数字が書かれている。「片面が母音ならば、そのカードの裏は偶数である」というルールが正しいかどうかをどのように確かめればよいかというのが問題である。多くの人は「E」だけ、あるいは「E」と「4」と回答するが、母音である「E」を確認するのは当然として、「4」を確認しても条件が満たされていることを確認しているだけである（確証バイアス）。正解は、「E」と「7」の2枚のカードを確認するである。理由は、図3.12 のような同型問題を考えればすぐに理解できる。この同型問題では正解率は著しく向上し、具体的な材料、日常的な事柄を用いれば正しい推論が可能であることがわかる（主題材料効果）[54]。しかし、具体的な材料を用いただけでは正解率が上がらない場合もあり、実用的推論スキーマ[55]やメンタルモデル[56]などによる説明も提案されている。

あるカードの片面に母音が書いてあるならば、そのカードのもう一方の面には偶数が書いてある。

ある人がビールを飲んでいるならば、その人は19歳を越えていなければならない。

図3.11　ウェイソンの4枚カード問題　　　図3.12　4枚カード問題の飲酒バージョン

3.5.3　帰納的推論

個々の事例や具体的な事実から蓋然性が高い一般的な結論を導く推論を**帰納的推論**（inductive reasoning）という。蓋然性が高いとは確率的に高いということであり、得られた結論が正しいということは保証されない。帰納的推論は、枚挙的帰納法による推論、類推（類比的推論、アナロジー）、アブダクション（仮説形成）を含めて演繹的推論以外の推論を指す場合と、枚挙的帰納法による推論だけを指す場合とがある。

枚挙的帰納法とは、収集した類似事例から一般化を行って結論を見出そうとするものであるが、類推やアブダクションと異なり、結論は直接的に導かれる。例えば、毎日、太陽が東から昇って西に沈むことを観察した結果、太陽とは東から昇って西に沈むものだという結論を導く方法である。より多くの事例を集めて結論が正しいことを確認することにより、蓋然性を高めることができる。

3.5.4　類　　　推

類推（analogy）は、未知の対象に関する情報を、既知の他の対象からの類似に基づいて推定する方法である。類推は枚挙的帰納法と比較すると論理的妥当性が低くなるが、実用的

かつ発見的であり，数々の科学的発見において類推が使われている[57]。

類推は，以下の段階を経る[58]。

〔1〕 ターゲット（未知の対象）の表象
　　ターゲットを解析して，問題や制約条件などを理解する。

〔2〕 ベース（既知の対象）の検索
　　知識や経験の中から利用可能なベースを探す。

〔3〕 写　　像
　　ターゲットとベースの間で同じと思われる要素があれば，それらを対応づけ，ターゲットの未知な部分についてはベースの知見を用いて推論をする。

〔4〕 正　当　化
　　写像の結果が妥当であることを確認する。

〔5〕 学　　習
　　得られた認識を長期記憶に保存する。

　類推においては，既知であるベースに関する知識からターゲットの未知情報を推定することになる。ターゲットとベースの間に，表面的な類似性よりもより深い類似性を見つけることが鍵とされ，要素の関係性（構造的類似性）を重視する構造写像理論[59]，構造だけでなく意味的類似性や類推の目的も重視する多重制約理論[60]などが提唱されている。

　修辞技法の一種として**メタファ**（metaphor）があるが，このメタファは類推に基づく思考を基盤としている。メタファは，比喩であることを明示的に示す直喩（○○のような，○○みたいな）と対になる言葉として，比喩であることを明示的には示さない隠喩に対して用いる言葉であるが，広く比喩表現全般を指す場合もある。パーソナルコンピュータのOSやソフトウェアではメタファは非常によく使われている。有名なメタファはデスクトップメタファであるが，ほかにも現実世界でよく利用するものに似せてデザインされているものも多い。

　ものの捉え方に関するメタファは，**概念メタファ**（conceptual metaphor）と呼ばれる。われわれが使用している言葉は，この概念メタファに満ちあふれている[61]。例えば，誰かにテレビの音を大きくしてほしいとき，「ボリュームを上げて」ということも多い。大きくと上が対応しているが，これは，われわれの感覚にマッチした対応である。したがって，音の調整を上下にスライドするバーで行う場合などは，上に上げると音が大きくなるように設計することが自然である（5.6.2項）。この例などは，一般的に行われている設計だが，細かく身の回りのものを見ていくと，感覚にマッチしない設計をいろいろと発見することができる。使いやすいヒューマンインタフェースを設計するには，この概念メタファをうまく使うことが必要である。

3.5.5 アブダクション

アブダクション（abduction）は，個々の事例や具体的な事実からそれらを合理的に説明する仮説を導く推論である．アブダクションの推論の形式は，次のようになる[62]．

> 驚くべき事実 C が観察された
> しかし，もし仮説 A が真であれば，事実 C は当然の事柄であろう
> よって，仮説 A が真であると考えるべき理由がある

仮説 A は事実 C を説明するために考えられた説明仮説である．仮説 A を思いつくためには，創造的思考（3.5.6項）が不可欠である．科学的探求は，アブダクションにより仮説を生成し，演繹的推論により仮説を分析して仮説に含まれる帰結を集め，帰納的推論によりそれらがどれだけ経験と一致するかを確認する，という三つの段階を踏む[63]．

3.5.6 創造的思考

従来の知識や経験では解決困難な問題に直面したときに，まったく新しい解決方法を着想する思考を**創造的思考**（creative thinking）という．いかに素晴らしい創造的と思える解決方法であっても，合理的な推論に基づいた問題解決の場合は，創造的思考とは呼ばない．創造的思考というと，われわれはつい芸術や科学の先端的領域を思い浮かべるが，創造的思考の場は日常生活の各処にある．

プロセスをいくつに分割するかは意見が異なるが，新しい問題解決法を思いつくとき，最初に問題について集中して思考する時期があり，次に問題解決が無意識下で進んでいるうちにひらめきが生じ，ひらめきを確認するというプロセスを経る（**表 3.2**）[64]〜[67]．

表3.2 ひらめきのプロセス

提唱者	ワラス	ヤング	オズボーン	チクセントミハイ
	準備期	資料収集	方向づけ	準備
			準 備	
		咀 嚼	分 析	
			仮説生成	
	孵化期	孵 化	孵化と啓示	潜伏期
	啓示期	誕 生		洞 察
	検証期	具体化	統 合	評 価
			検 証	仕上げ

創造的思考の分野では，自由な発想でアイデアを創出する拡散的思考と論理的推論に基づいて解を求める収束的思考とに区分する[68]ことが多いが，拡散的思考と収束的思考は思考のタイプが異なるため，同時には働かすことができない．創造的思考を深めるには，拡散的

思考でアイデアを膨らませ，収束的思考でアイデアの深掘りをするというプロセスを繰り返すことが必要である。

ヤングは，アイデアは既存要素の新しい組合せであること，そしてアイデアの創出は事物の関連性を見つけ出す能力を訓練することで高められることを強調している[65]。ブレインストーミング（6.2.1項）を考案し広めたオズボーンも同様の考えであり，アイデアを創出する際に考えてみるべきポイントとして，**表3.3**の9項目を挙げ，これらを活用して，できる限り多くの発想（質より量）をするように勧めている[66]。

表3.3 オズボーンのアイデア創出のポイント

転 用	他に使い道はないか
応 用	類似のものは他にないか 他の分野で使えそうなアイデアはないか
変 更	意味合いや色，動きなど変えたらどうなるか もうひとひねりできないか
拡 大	大きくしたり，強くしたり，長くしたり，高くしたり，厚くしたり，足したらどうなるか
縮 小	小さくしたり，弱くしたり，短くしたり，低くしたり，薄くしたり，減らしたらどうなるか
代 用	他のもの，他の人で代わりはできないか
置 換	要素を入れ替えたり，順番を変えたり，レイアウトを変えたりしたらどうなるか
逆 転	反対にしたり，上下逆転したり，役割を入れ替えたりにしたらどうなるか
結 合	他と組み合わせたらどうなるか

創造的思考は内的動機づけ（4.1.2項）が高まったときに強く活性化する[69]。自らの内部に創造の意欲が高まると，時間を忘れて創造活動に集中することができる。外的動機づけによる場合は，機械的な作業などの効率を高めることができるが，創造的な活動を高めることは難しい。なにかに没頭し，高揚している心理状態をフローと呼ぶ[70]。フロー状態を得るにはいくつかの条件があるが，その一つに，自分のスキルと課題の難易度がともに高いことがある。人気のコンピュータゲームには，フロー体験が得られるように，うまく作られているものが多い。初期のステージでは，スキルがまだ低いため，ゲームの難易度は低いが，ステージが上がってスキルが育ってくると，その想定されるスキルに合わせて，チャレンジ性のある難易度が設定されており，プレーヤはゲームの世界に夢中になる。

3.6 ヒューマンエラー

3.6.1 分　　　類

To err is human という言葉がある。この言葉は，人間は誤りを犯すことを避けることが

できないことを示している。このため，エラーの性質を知り，エラーが生じない，あるいは生じにくくなるように，さらにはエラーが発生した場合にはその影響を最小限にとどめて早急に回復するように，対策を講じておく必要がある。

ヒューマンエラー（human error）を行為そのものから見ると，やらないといけないことをやらなかったオミッションエラー（error of omission）と，やってはいけないことをやってしまったコミッションエラー（error of commission）とに大別することができる[71]。

本人はそのつもりではないが，ついうっかりとやってしまったような失敗のことを**スリップ**（slip）というが，スリップの発生を説明する理論にノーマンの **ATS 理論**（Activation-Trigger-Schema system）がある[72],[73]。この理論では，人間の行為はその行為に関するスキーマを活性化した結果であると仮定する。スキーマは，行為の手順に関する記憶や知識のようなものであり，複雑な行為の場合は，その中に子スキーマを持つ階層構造を構成する。なにかを行うためには，まず意図が形成され，適切なスキーマが活性化し，あるレベルに達すると実際にスキーマが起動するという3段階のステップが順次発現することが必要となるが，それぞれにおいてスリップが生じる。

〔1〕 意図の形成段階のスリップ

モードエラー：コンピュータで文字を入力する際に，英数モードのまま日本語を入力しようとするなど，状況を勘違いしてしまい，別の場面では正しいがその場面では不適切な行為の意図を形成したエラー。

記述エラー：銀行の ATM のカード挿入口に別のカードを入れてしまうなど，動作自体は正しいが操作対象を取り違えているといった，意図が曖昧あるいは不十分に形成されたために生じるエラー。

〔2〕 スキーマの活性段階のスリップ

囚われエラー：普段はやらないようなことをしなければならないときに，ついいつもの行為をやってしまうエラー。帰り道の途中にお店に寄って買い物をしなければならなかったのに，寄らずに家に帰ってしまったことなどは，誰しも経験があるであろう。

データ駆動型エラー：外部の事象が本来意図したスキーマでない別のスキーマを活性化させるエラー。色を答えなければならないのに漢字を読んでしまう，ストループ効果（3.4.5項）はその例である。

連想活性化エラー：いい間違いや書き間違いなどにおいて見られるような，類似行為のスキーマが活性してしまい，本来のスキーマが実行されず類似行為を行ってしまうエラー。

活性化の消失エラー：後でやるつもりであったことをやり忘れたといった，活性化したスキーマが実行に至る前に活性度が低下して行動が起きなくなるエラー。

〔3〕 スキーマの起動段階のスリップ

トリガリングのエラー：複数のスキーマを連続して実行しなければならないときに，起動の順番を間違うエラー。各スキーマ自体は適切に活性化している。

トリガーの失敗エラー：起動に失敗するエラー。

3.6.2 原　　因

ヒューマンエラーは，注意や動機，経験など数多くの要因が関係して発生すると考えられるが，そのいくつかを**表3.4**に示す。覚醒水準と作業成績の間の関係は，**ヤーキーズ・ドッドソンの法則**（Yerkes-Dodson's law）として知られている（**図3.13**）[74]。作業を行うには

表3.4　ヒューマンエラーの原因

不適切な覚醒水準	作業には適した覚醒水準がある。睡眠不足，長時間の作業や単調な作業等においては覚醒水準を保てなくなり作業効率は低下し，緊張しすぎると思うように作業ができなくなる。
経験不足	知識がなかったり，練習が足りなかったり，初心者に多い。
注意不足	注意機能が適切に働いていない。
情報不足	必要な情報が不足している。コミュニケーション不足で他者から情報が得られないこともある。
思い込み	間違った思い込みにより，客観的に状況を見ることができなくなる。
過集中	ひとつのことに集中しすぎて，他のことに気づかない。
油　断	状況や課題を軽視する。
慣　れ	何度も体験することで当初のような緊張感を保てなくなる。
急　ぎ	急ぎと正確性にはトレードオフの関係がある。急げば急ぐほどエラーが生じる。
省　略	急いだり，慣れてきたりすると省略行動が生じやすい。意識的な場合と無意識の場合がある。
誤　解	状況の勘違い。本人に原因がある場合とそうでない場合がある。
疲　労	疲れることで意欲や能力の低下をもたらし，エラーが起きやすくなる。
飽　き	単調作業が続くと，しだいに退屈となり，注意力が低下する。
年　齢	年少者は作業に必要な能力が未成熟であることもある。高齢者は加齢による機能低下が原因となる。

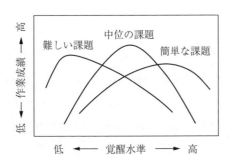

図3.13　ヤーキーズ・ドッドソンの法則

最適な覚醒水準があり，それよりも低い場合や高い場合にはエラーが多くなりパフォーマンスが低下する。

　思い込みもエラーを引き起こす。なにか作業をする際には，われわれは，ああすればこうなるというメンタルモデル（1.2.1項）を使っている。例えば，リモコンの電源ボタンを押せば電源のオンオフを切り替えられる，水栓レバーは上げれば水が出るという知識（イメージ）も経験から学んだメンタルモデルである。メンタルモデルが状況や機械に合致しているときには作業をスムーズに行うことができる。しかし，メンタルモデルが状況や機械に合致しない場合には問題が発生する。昔の水栓レバーには下げれば水が出るタイプもあり，普段はレバーを上げると水が出るタイプの水栓レバーを使っている人が，そういった水栓レバーを使う場合は一瞬戸惑うことになる。問題が発生した場合はメンタルモデルの見直しを行えばよいが，一応は作業できたために不一致に気づかず，不適切なメンタルモデルを適用し続けて，労力を無駄にしてしまうこともある。機能がシンプルな機械の場合は，少し使うだけで行為と結果の対応関係を把握することができ，メンタルモデルの構築は容易である。しかし，機械が複雑になり高機能化すればするほど，またコンピュータ化すればするほど，機械はブラックボックスとなり，メンタルモデルが構築しにくくなる。

　急いでいるときに間違いやすいことは誰しも経験することである。急いでいるときに間違いやすいこと，正確に実行するには時間がかかることを**速さと正確さのトレードオフ**（speed-accuracy trade-off）という[75]。フィッツの法則（3.2.2項）もこの両者の関係を示している。ターゲットの大きさが小さくなればなるほど，動作に正確さが要求され時間がかかる。逆にターゲットが大きい場合は，正確さがさほど要求されないため，すばやく行うことができる。

　作業時間が長くなると，疲労や飽きが生じてエラーが生じやすくなる。作業内容にもよるが，作業開始から30分も経過すると以降は急激に成績が低下する[71]。フロー状態（3.5.6項）のようなときは別として，通常は時間経過とともに覚醒水準も低下し，持続的注意（3.4.1項）の維持が困難となる。

3.6.3　対　　　策

　ホーキンズのSHELモデル（SHEL model）では，エラー発生におけるインタフェースの重要性が示されている（**図3.14**）[76]。このモデルでは，エラーを起こした当事者（Liveware）が中心に，その周囲にハードウェア（Hardware：物理的なモノとしてのシステム），ソフトウェア（Software：コンピュータのソフトウェア，マニュアル，法律，規則），環境（Environment：温度，湿度，照明など），人（Liveware：当事者以外の関係者）が配置されている。各要素の間（インタフェース）が凹凸で表現されているのは，インタ

図3.14 SHEL モデル

フェースが噛み合っていないことからトラブルが生じることを示している。各インタフェースで生じる例を挙げるならば，ハードウェアとのインタフェースではユーザの身体に合わない作業空間での作業，ソフトウェアとのインタフェースではわかりにくい情報表示，環境とのインタフェースでは騒音や暑さ寒さの中での作業，人とのインタフェースでは相互コミュニケーション不足などである。また，各要素ならびにインタフェースは時間とともに変化する。今はうまくインタフェースが整合状態にあったとしても，知らないうちにインタフェースに隙間が生じていることもある。

人間がエラーを起こすことは避けられないのであれば，機械やシステムの側からエラーが起きないようにすることが必要となる。そういった対策としては，フールプルーフやフェイルセーフ，多層防御などがある。

フールプルーフ（foolproof）：ユーザに間違った操作をさせないように配慮する設計をいう。作業内容を見直し，間違えそうな作業があれば，それを回避あるいは機械やシステム側の作業に役割変更ができないかを検討する。あるいは，わざと複雑な操作をさせるようにする。自動車では不用意にエンジンがかかることがないように，シフトをパーキングに入れてブレーキペダルを踏んだ状態でないとエンジンがかからないようにしているなど，多くの製品で取り入れられている。

フェイルセーフ（fail-safe）：機械やシステムが故障したとき，あるいはユーザが間違った操作をしたときに，デフォルトが安全側となっている設計である。コンピュータでファイルを削除するときに，本当に削除していいかと確認するダイアログが立ち上がることがあるが，そのとき，フェイルセーフの観点からは削除しないがデフォルトとなっているべきである。

多層防御（defense in depth）：一つのエラー対策だけでは不十分であることも多い。そこで，複数の予防策を組み合わせておくことが必要である[77]。しかし，コストや効率の制約もあるため，どのような対策をどの程度行うのかについては十分な検討が必要である。

3.7 認知実行に関するモデル

3.7.1 TOTE

TOTE（Test-Operate-Test-Exit）は，人間の行動プロセスをサイバネティクス的に説明するモデルである[78]。サイバネティックスとは生物や機械を系（システム）とみなして制御と通信の問題を統一的に扱う領域であり，その中心概念の一つにフィードバックがある[79]。現在では，フィードバックという言葉は比喩的にも使われているが，元々は系の出力の一部を入力側に戻す工学用語である。TOTEでは，神経系を構築する基本的単位がフィードバックループであると仮定した。TOTEは図3.15に示すような，基準が満たされるまで操作とテストを繰り返すという非常に単純なモデルではあるが，入れ子構造にして階層化することで，さまざまな人間行動を表現することができると注目された。

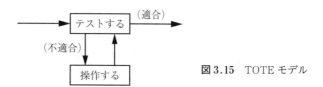

図3.15 TOTEモデル

3.7.2 行為の7段階モデル

行為の7段階モデル（the seven stages of action model）は，人間がなにかを操作する場面に関して，ノーマンが実行と評価のプロセスをモデル化したものである（1.1.2項，図1.3）[73]。例えば，部屋が暑くなってきた場合を考えよう。そのとき，以下のような心的プロセス，ならびに行為が働くと考えられる。

（1） **ゴールの形成**：涼しくしたい。
（2） **意図の形成**：窓を開けるのではなくエアコンをつけようと考える。
（3） **行為の詳細化**：リモコンを探して手に取り電源スイッチを押すという手順が必要だと行為の順番を考える。
（4） **行為の実行**：実際にその順番で行為を実行する。スイッチを押すとエアコンに電源が入り，稼働し始めるという外界の変化が生じる。
（5） **外界の知覚**：エアコンのランプが点灯するのが見える。
（6） **知覚の解釈**：点灯したランプが，冷房が入った（暖房が入ったのではない）ことを示していると理解する。
（7） **結果の評価**：行為の結果が最初に立てた目標を満たすことになったかどうか（エア

コンから冷たい風が吹き出してきたか）を評価する。

3.7.3 SRK モデル

原子力プラントや化学プラントの制御・安全システムについて研究を行っていたラスムッセンは，通常監視時や緊急事態発生時に操作者の意志決定を支援するシステムを設計するための人間の情報処理モデルを考案した。このモデルは，操作者のとる行動を，技能（skill）ベース，規則（rule）ベース，知識（knowledge）ベースの三つに分類するもので，**SRK モデル**（SRK model）と呼ばれている（**図3.16**）[80]。

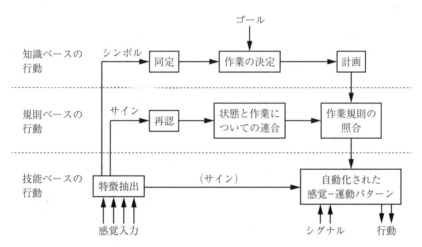

図3.16 SRK モデル

1) **技能ベースの行動**：訓練や繰り返しにより自動化された習熟行動である。外界からの刺激（シグナル）があると半ば無意識的に行動することができる。技能ベースの行動になったばかりの段階では，情報から特徴（サイン）を見つけ出して行動するが，反復することにより反射的に行えるようになる。実行に認知的負荷はほとんどかからないが，ときとして，やり忘れ（ラプス）ややり間違い（スリップ）が生じる（3.6.1項）。
2) **規則ベースの行動**：訓練が十分でなくまだ不慣れな状態での行動，あるいは普段とは異なる状況が発生した場合の対応行動において見られる行動であり，決められている規則を逐一確認しながら行う意識的な行動である。規則ベースの行動も十分に繰り返され習熟してくると技能ベースの行動に変わっていくが，ヒューマンインターフェースが優れている場合はこの移行が促進される。
3) **知識ベースの行動**：過去の経験や規則がないような例外的な状況が発生した場合に必要となる行動である。感覚器官からの情報は意味解釈が必要なシンボルとして扱われる。シンボルを手がかりとして自分で状況を見定めて解決すべき問題を同定し，目的に

合致する作業内容を決め，計画を立てることになる．このとき，適切なメンタルモデルを構築できれば，目標を達成することができることになる．

3.7.4 モデルヒューマンプロセッサ

カードらはコンピュータ操作時の人間の行動を予測するための基礎として**図3.17**のような**モデルヒューマンプロセッサ**（model human processor）を提唱した[81]．図に記載されている視覚イメージ貯蔵庫と聴覚イメージ貯蔵庫は，感覚記憶（3.3.2項）のアイコニックメモリ，エコイックメモリに相当するものである．このモデルの想定場面は，不慣れな操作者があれこれ迷いながら操作をする場面ではなく，慣れた操作者がスムーズに操作をする場面である．モデルヒューマンプロセッサの一つの特徴は，先行研究を参考に人間の諸特性を具体的な数値で表現したことである．図中の数字は過去の研究から推定した典型的な値であり，括弧内に記した範囲は状況によって取りうる値の範囲を示している．彼らはこのモデルを，モールス信号を受信するとき，文字を読むとき，計算機やキーボードを使うときなどに適用してみせた．

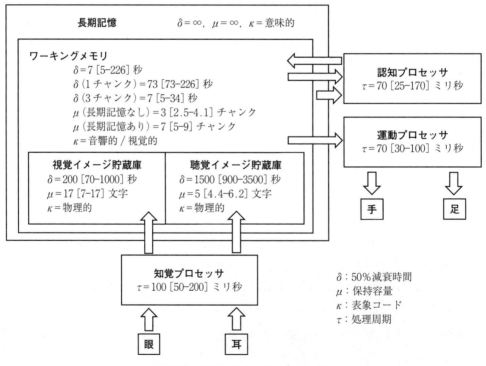

図3.17 モデルヒューマンプロセッサ

課題

（1） ヒューマンインタフェースにおいて，注意を喚起するためにどのような工夫がなされているかを調べてみよう。

（2） 紹介した認知バイアスは，ほんの一部である。合理的な思考に基づかない例についてもっと調べてみよう。

（3） パーソナルコンピュータのソフトウェアで使われているメタファを探してみよう。

（4） 最近自分がやってしまったヒューマンエラーに関して，ノーマンのATS理論に基づいていくつか説明してみよう。

（5） エラーを防止する工夫について具体的にどのようなものがあるか事例を調べてみよう。

推薦図書

- R. R. スクワイア，E. R. カンデル 著，小西史朗，桐野 豊 監修：記憶の仕組み（上・下）（講談社ブルーバックス），講談社（2013）
  比較的新しい脳科学の研究成果に基づいた記憶に関する説明がある。
- 原田悦子，篠原一光 編：注意と安全，北大路書房（2011）
  注意を中心にして，理論，脳科学，ワーキングメモリ，ヒューマンエラーなどの研究が紹介されている。
- D. カーネマン 著，村井章子 訳：ファスト＆スロー――あなたの意思はどのように決まるか？ 上・下（ハヤカワ・ノンフィクション文庫），早川書房（2014）
  行動経済学を創始した一人であるカーネマンによる解説本。さまざま例があり，わかりやすく，面白く読める。
- S. ワインチェンク 著，武舎広幸，武舎るみ，阿部和也 訳：インタフェースデザインの心理学――ウェブやアプリに新たな視点をもたらす100の指針，オライリー・ジャパン（2012）
  ヒューマンインタフェースの設計において，心理学の知見がどのように利用できるかが具体的に示されていて，わかりやすい。続編もオススメ。

4章
人間の情意的機能

　この章では，意欲や感情に関する心の働きについて，言い換えると気持ちに関係する機能について学習する。気持ちは3章で扱った知的機能に大きな影響を及ぼすことからわかるように，情意的機能は知的機能を支える基盤である。最近のヒューマンインタフェースでは，使う人の気持ちを考えた設計をすることが求められている。本章では，項目として，動機づけと感情を取り上げた。動機づけとはやる気のことである。動機とはどういうものか，どうすれば強い動機づけを行うことができるかについて学ぶ。次に感情について説明をする。専門的には，短時間に生起して終わり生理的な変化や表情の変化が伴うような感情の変化に対しては情動という用語が用いられることも多い。しかし，感情と情動は明確に区別できるものでもなく，また研究領域より用い方が異なる場合もあるため，本書では感情という言葉に統一した。感情には，行動を起こさせるという動機づけの機能，他人と気持ちを伝え合うというコミュニケーション機能などがあり，感情は動物が生き抜いていくために，進化の過程において獲得したものと言える。感情の節では，感情起源説，次元説，基本感情説，表情について学習する。

4.1 動機づけ

4.1.1 欲求階層説

　ある目標に向かって行動を生起させ，継続させる心の働きを**動機づけ**（motivation）という。通常，動機づけには動因と誘因が必要である。動因とは生体が持つ行動をしたいという気持ちのことであり，欲求とも言われる。誘因とは欲求を満たしてくれる外部の事物（モノ），出来事，体験，目標などである。

　他者との関わりに起因する動機は社会的動機と呼ばれている[1]。**表 4.1**は，マレーによるリストを参考にして作成したものであるが，定まったものではない。社会的動機は社会生活を営む中で形成される動機であり，生存するために必要な基本的動機（生物的動機）と対比して捉えられている。

　欲求に関しては，マズローの**欲求階層説**（hierarchy of needs）がよく知られている（**図 4.1**）[2],[3]。

表 4.1 マレーの社会的動機

グループ	社会的動機
野心・権力志向	優越，達成，承認，顕示
保身	不可侵，屈辱回避，防衛，中和
力の行使（対抗）	支配，恭順，同化，自律，対立，攻撃，屈従
禁止	非難回避
愛情	親和，排除，養護，求護，遊戯
情報交換	求知，説明

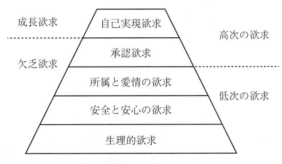

図 4.1 欲求階層説

生理的欲求：十分な食事や睡眠など生命を維持したいという最も根源的な欲求

安全と安心の欲求：身体的，精神的，経済的などさまざまな観点からの安全や安定を確保したいという欲求

所属と愛情の欲求：なんらかの集団に属し，集団のメンバーと心の交流を持ちたいと思う欲求

承認欲求：他人から評価されたい，自尊心を満たしたいという欲求

自己実現欲求：自分の能力を最大限に活かし，自分を成長させたい，創造的活動をしたいという欲求

これらの欲求は階層構造をなし，下に位置する欲求ほど基礎的であり，欲求を満たすときの優先順位が高くなる。最上位の自己実現欲求は成長欲求と呼ばれ，欲求自体が目的であり，どこまでも欲求を追求していく欲求である。それに対して，自己実現欲求以外の欲求は欠乏欲求と呼ばれ，不足すると不満が生じ，それを満たしたいというような欲求が生じる。下位の欲求は基盤ではあるが，下位に位置する欲求が満たされないとその上の欲求が生じないというものではない。経験的な数字のようであるが，マズローによると当時（20世紀中葉）の平均的なアメリカ人の場合，生理的欲求85％，安全と安心の欲求70％，所属と愛情の欲求50％，承認欲求40％，自己実現欲求10％が満たされている程度ではないかという[3]。現代の日本は，個性化が進み，多様性を認める社会へと変化しており，以前と比較して自己

実現欲求を満たすような，個性的な製品づくりやサービスの提供が求められている状況にある。

マズローの欲求階層説を元にして，マグレガーは経営学においてX理論Y理論を展開した[4]。低次の欲求を多く持つ，怠け者で放っておくと仕事をしない人間に対する対応がX理論であり，俗にいう「アメとムチ」による経営をいう。高次の欲求を多く持つ，自ら行動する人間に対する場合がY理論であり，こういった社員が多い会社では社員の自主性を尊重した経営が適している。

4.1.2　外発的動機づけ，内発的動機づけ

動機づけは，外発的動機づけと内発的動機づけ[5]に分けることもできる。

外発的動機づけ（extrinsic motivation）：賞罰，競争，強制など外部からの刺激により行為への動機づけが行われるものである。オペラント条件づけ（3.1.1項）の強化は典型的な外発的動機づけである。より多くのお金を得るため，他人に勝ちたいため，怒られたくないから，褒められたいからなど，外発的動機づけは行為の動機として日常的に見ることができる。外発的動機づけは，導入が容易で短期間で効果が上がることが期待できるが，外部からの刺激に対して慣れが生じるため，継続して動機づけるにはより強い刺激が必要となってくる。

内発的動機づけ（intrinsic motivation）：興味や関心，意欲といった本人の内部から生じた行為への動機づけである。面白いから，やっておきたいからなど，行為者の内部から動機が生じるもので，行為をすること自体が目的である。内発的動機づけを起こすには，行為者がその領域に関心があり，興味を持つことが前提となる。ゲームに熱中するような状況は，まさに内発的動機づけによるものである。創造的思考（3.5.6項）で紹介したフローは，内発的動機づけに基づいた行動に熱中しているときに発生するものである。

元々は外発的動機づけによって行っていた行為も途中からしだいに内発的動機づけを引き起こすことも多々見られる。うまくできるようになった，報酬が貰えた，競技でいい成績が残せた，周りから褒められたなどの経験が契機となって，行為自体に面白みを感じるようになるというような気持ちの変化をもたらす。逆に，内的動機づけによって行っている行為に対して，報酬などの外的動機づけを付与するとモチベーションが低下することも報告されている[6]。

デシによると，内発的動機づけを高めるには，自律性，有能性，関係性の三つのポイントがある[7]。

1) **自律性**:強制されているという意識は内発的動機を低下させる。自分の行為は自分で決められるという認識が意欲を高める。
2) **有能性**:自分はできる,それが得意であるという自信は,ポジティブな自己像を形成し,次の行為を促進する。
3) **関係性**:周囲の人々や社会と密接につながっている状態は安心感をもたらし,責任感,満足感を高める。

有能性は自己効力感とも呼ばれる。バンデュラによると,人が行動するときは,なにかを期待して行動するが,期待は行動する前の期待と行動の後の期待に分けられる(**図4.2**)[8]。行動する前の期待が自己効力感であり,自分はできるという自己を肯定する自信である。自己効力感がないと人は失敗を恐れて行動を起こさなくなる。一方,行動の後の期待は行動するとどんなメリットが得られるかを予期する期待である。結果期待には金銭や報奨だけでなく,達成感,満足感,さらには他人からの賞賛なども含まれる。

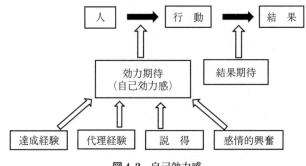

図4.2 自己効力感

自己効力感を持つには以下の四つの方法がある。
1) **達成経験**:うまくできたという成功体験を積むことで,自分の中に自分はできるという自信を育てることができる。
2) **代理経験**:他者が同じ状況で行動して成功している場面を見たり,成功話を聞いたりすることにより,自分もできるのではという感じを持つことができる。
3) **説得**:周囲の人から貴方ならそれができると言われることで,自分もできるのではという気になってくる。説得をする人が上司,尊敬する人などその人に影響力を持つ人である場合がより効果的である。自分で自分に言い聞かせるという自己暗示も有効である。
4) **感情的興奮**:ポジティブな気持ちのときは自己効力感が高まっている状態である。意識的に明るい気持ちになるように持っていくことで,自己効力感も高まる。

4.2 感　　　情

4.2.1 起　源　説

　感情（emotion, affect）がどのように生じるのかについては古くから多くの議論がある。19世紀末に提案された**ジェームズ＝ランゲ説**（James-Lange theory）では，内蔵や骨格筋等の変化を脳で知覚することにより感情が生じると主張する[9],[10]。ジェームズは自説を「悲しいから泣くのではなく，泣くから悲しいのだ」と表現した。20世紀半ばに提案された，顔の表情が感情体験（さまざまな感情の要素のうち主観的に感じる成分）に影響を及ぼすという顔面フィードバック仮説[11]，20世紀後半の身体や脳で生じている事象が知覚されて感情体験が生じるというソマティック・マーカー仮説[12]はジェームズ＝ランゲ説の流れを組むものと言える。

　20世紀前半にはジェームズ＝ランゲ説に対抗する説として，脳の視床（現在の間脳に該当）が感情を生む中枢であるとする**キャノン＝バード説**（Cannon-Bard theory）が提案された[13],[14]。キャノンは大脳皮質を除去した猫が偽の怒り（攻撃行動を伴わない威嚇の表出）を示すことから，感情生起の中枢は大脳皮質以外にあり，大脳皮質は中枢の活動を抑制する機能と中枢の活動を感情体験として知覚する機能を担っていると考えた。

　20世紀半ばには，状況をどう認知し評価するかが重要であるとする説が出てきた。アーノルドの**認知的評価理論**（cognitive appraisal theory）では，最初に自分にとって良い状況か悪い状況かの評価が行われ，良い状況であれば接近するような動機づけ，悪い状況であれば回避するような動機づけが生じ，その動機づけを感情体験として知覚すると考える[15]。シャクターとシンガーの**感情二要因説**（two-factor theory of emotion）では，最初に状況によって生理的覚醒状態が引き起こされ，次になぜそのような生理的覚醒状態が生じたかの原因の探索が生じ，最後に生理的覚醒状態とその原因解釈とが合わさって感情が生起するとする[16]。このため，同じ生理的覚醒状態であっても，どのようにその原因を考えるかによって生じる感情が異なることになる。

4.2.2 次　元　説

　次元説では，感情を二次元あるいは三次元で説明する。古くは，ヴントの三方向説[17]，シュロスバーグの円錐モデル[18]などがある。快-不快を一つの次元とする点については多くの研究者で一致している。

　ラッセルの**円環モデル**（circumplex model of affect）は快-不快，覚醒-眠気の二次元で感情を説明するモデルである[19]。一般の人々の感情に関する認識，非言語的な感情表出，

言語的な感情表出の分析から，ラッセルは快-不快，覚醒-眠気の二次元構造（**図 4.3**）を想定し，一連の実験により 28 の感情を表す言葉をこの二次元に位置づけを行った。ラッセルはその後，覚醒-眠気を活性-不活性に置き換えたモデルを提案している（**図 4.4**）[20],[21]。

ワトソンとテレゲンは快-不快，関与-非関与の二次元のモデルを提案している。このモデルの特徴は，ポジティブ感情とネガティブ感情の軸が直交していることである（**図 4.5**）[22]。彼らによると，ポジティブ感情（喜び，感謝，やすらぎ，希望など）とネガティブ感情（怒り，恐れ，悲しみなど）は一本の軸の対極にあるものではない。ポジティブ感情は，ものの見方が広がる，創造性が高まる，行動の幅が広がる，レジリエンス（立ち直る力）を強くする，気分や健康状態が良くなるなどさまざまな良い効果をもたらす[23]。

図 4.3 ラッセルの円環モデル

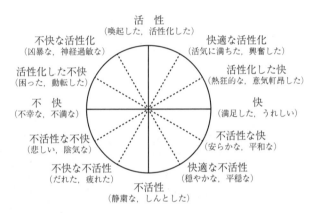

図 4.4 ラッセルの 12 ポイント円環モデル

図 4.5 ワトソンとテレゲンのモデル

4.2.3 基本感情説

基本感情説は，われわれが心に抱く感情は多様であるが，そのなかに文化に関わらず種に普遍的な感情がいくつか存在するとする考えである。具体的になにが**基本感情**（basic emotion）であるかについては，**表 4.2** に見られるように諸説存在している[15],[24]〜[31]が，エクマンの六つを基本感情とする説とプルチックの八つを基本感情とする説が代表的である。

4. 人間の情意的機能

表4.2 基本感情説

提唱者	発表年	基本感情
デカルト	1648	驚き，愛，憎しみ，欲望，喜び，悲しみ
ダーウィン	1872	悲しみ，幸福，怒り，軽蔑，嫌悪，恐れ，驚き
アーノルド	1960	怒り，反感，勇気，落胆，欲望，絶望，恐れ，憎しみ，希望，愛，悲しみ
イザード	1971	興味，喜び，驚き，苦悩，怒り，嫌悪，軽蔑，恐れ，羞恥，罪悪感
エックマンとフリーセン	1975	怒り，嫌悪，恐れ，喜び，悲しみ，驚き
プルチック	1980	恐れ，怒り，喜び，悲しみ，信頼，嫌悪，期待，驚き
オートレイとジョンソン-レアード	1987	幸福，悲しみ，不安，怒り，嫌悪
マクリーン	1990	欲求，怒り，恐れ，悲しみ，悦び，愛情
イザード	1991	興味，喜び，驚き，悲しみ，怒り，嫌悪，恐れ

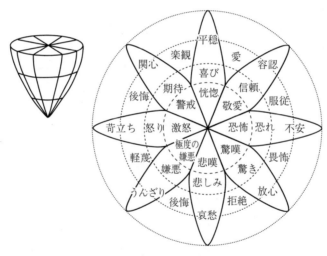

図4.6 プルチックの感情の輪

図4.6 はプルチックの**感情の輪**（wheel of emotions）と呼ばれている図で，基本感情が組み合わさることで複雑な感情が生じることを図解したものである[32]。元々は左上のような立体構造をしているが，それを展開したものが右の平面図である。平面図において，円の中央に位置するものほど強い感情，外側に位置するものほど弱い感情である。例えば，喜びの感情は激しいときは恍惚の感情が生起し，弱くなると安らぎを感じる。そして，外側に位置する弱い感情は，隣り合う感情との違いが明確ではなくなることがある。平穏は関心や容認と識別が難しいことがある。八つの基本感情は喜びと悲しみ，信頼と嫌悪，恐れと怒り，驚きと期待が反対を表現する対になっているが，これはこれらの感情は対極的であり，混在

したり移行したりすることが容易ではないことを示している。さらに，隣り合う基本感情が交じるとその間に二次的な感情が生じる。例えば，喜びと信頼が交じることで愛の感情が生まれる。

4.2.4 表情

感情表出の一つに**表情**（facial expression）がある。進化論のダーウィンは，人間や動物の表情の研究を通して表情には共通性があることを見出し，表情は進化の産物であると考えた[25]。しかし，20世紀前半から半ばにかけては，表情は文化を通して学習したものであるとする説が一般的であった。その後，エクマンとフリーセンが，異なる文化圏において表情認知の実験を行ってダーウィンの考えを検証したところ，表情認知は文化圏に関わらず一致し，基本的な感情ならびに表情は普遍的で生得的であると考えられるようになった[33]。**表4.3**は各感情を抱いたときに表れる典型的な表情の特徴である[27]。

表4.3 各感性における表情の特徴

感情	表情の特徴
驚き	眉は引き上げられ，眼は大きく見開く。顎が下方へ落ち，口唇は開く。
恐れ	眉は引き上げられて，両眉が内側に引き寄せられる。眼は見開き，下瞼は緊張する。口唇は後方に引っ張られる。
嫌悪	口と鼻に特徴がよく表れる。上唇は持ち上げられ，下唇は持ち上げられるか下げられる。鼻には皺がよる。眉や下瞼は押し下げられる。
怒り	眉が下がり，両眉は内側に引き寄せられる。瞼は緊張し，食い入るように凝視した眼になる。唇は強く歯に押し付けているか，四角く離れている。
喜び	（笑っているとき以外の特徴）瞼や顔の下部に特徴がよく表れる。唇の両端が後方に引かれ，多少持ち上がっている。鼻から唇にかけての皺や目尻の皺が生じる。頬が上がる。眼が細くなる。
悲しみ	眉の内側の両端が上がり，引き寄せられる。上瞼の内側の端も引き上げられる。唇の両端は引き下げられるか，震えているように見える。

彼らの研究は，表情の解析技法である**FACS**（Facial Action Coding System）へと発展した[34]。このシステムでは，人間が示すさまざまな表情を分類するために，アクションユニット（Action Unit, AU）と呼ばれる，解剖学的に独立であり，第三者から識別可能な顔面動作の最小単位の組合せで表情を記述する。当初のシステムではAUは46であったが，2002年の改訂版では，32のAUと9のAD（Action Descriptor）の組合せで41の基本となる表情をコード化することとなった。現在では，FACSは，表情解析だけでなく，動画や静止画に撮影されている人物の感情推定やロボットやアバターの表情産出にも利用されている。

課題

（1） 知的機能と情意機能の関係性について考えてみよう。

（2） 製品，ソフトウェア，ウェブサイトなどにおける，動機を維持するあるいは動機を高めるための工夫を探してみよう。

（3） 狙った感情（例えば，かわいい）を引き起こすには，どのようにモノをデザインすればよいかを考えてみよう。

推薦図書

- D. H. ピンク著，大前研一訳：モチベーション 3.0 ― 持続する「やる気！」をいかに引き出すか，（講談社 +α 文庫），講談社（2015）
  動機づけ全般に関して書かれているわけではないが，ベストセラー作家によるビジネス書，自己啓発書であり，読みやすい。
- D. エヴァンズ著，遠藤利彦訳：感情，岩波書店（2005）
  堅苦しくない語り口で，日常的な話題を豊富に使って，感情について説明されている。巻末には，原著者による出典の紹介に加えて，訳者による日本語書籍の紹介がある。
- D. A. ノーマン著，岡本明，安村通晃，伊賀聡一郎，上野晶子訳：エモーショナル・デザイン ― 微笑を誘うモノたちのために，新曜社（2004）
  感情について解説した本ではないが，デザインと感情の関係について面白く書かれている。前半では，本能的デザイン，行動的デザイン，内省的デザインの三つのレベルのデザインを提案し，後半では，感情という視点からさまざまなモノのデザインについて論じている。

5章
インタフェース開発の考え方

　本章では，ヒューマンインタフェースを設計する際に直接的な基礎となる諸項目について学習する。最初に，ユーザビリティ，アクセシビリティ，ユーザエクスペリエンスについて説明した。1章で紹介したように，ヒューマンインタフェースの検討は，使いにくい，わかりにくいモノを，いかに使いやすく，わかりやすくするかというユーザビリティに対する問題意識から出発した。そして，最近では，より多くの人々が利用できるようにとアクセシビリティに配慮したり，どのようにすれば使って楽しい体験を与えられるかというユーザエクスペリエンスの向上を目指したりといったことに対して関心が高まってきている。これらについて学習をした後，ユーザ中心設計と人間中心設計について学ぶ。この二つはほぼ同じ手法と考えられており，現在のヒューマンインタフェース開発において，最も中核的な役割を果たす設計の考え方である。その後に，色の表し方と配色について学習する。色については2章でも触れたが，本章ではヒューマンインタフェースの設計において知っておいてもらいたい表色系と配色について説明した。最後にJISやISOの規格の中から，ヒューマンインタフェースと関わる規格を紹介した。規格は人間の特性についてよく配慮されて作成されている上，規格に従って設計されたモノは同じように規格に従って設計された他のモノと共通のヒューマンインタフェースとなるため，ユーザビリティやユーザエクスペリエンスが向上すると期待できる。

5.1　ユーザビリティ

5.1.1　スモールユーザビリティ

　ユーザビリティ（usability）の問題が特に注目されるようになったのは1970年代後半頃からである。当時，機械や家庭用電化製品がさまざまな機能を持つようになり，それらを使いこなすことが難しいと人々が感じるようになってきていた。特に，コンピュータが一般の人々の間に普及し始めると，専門家ではない普通の人々がコンピュータを使えるようにするにはどうしたらよいのかという問題がクローズアップされるようになった。

　その頃のユーザビリティに対する考えは，現在では**スモールユーザビリティ**とも呼ばれているが，インタフェース上の欠陥や問題がないという側面，言い換えると使いにくさを解消するにはどうすればいいのかという点に焦点を当てたものであった。例えば，当時使われていたVT100というCUIベースのコンピュータシステムのユーザビリティを評価するために，ブルックが開発したSUS（system usability scale，図5.1）[1],[2] の質問項目を見てみる

5. インタフェース開発の考え方

> 1. このシステムを頻繁に使いたいと思う。
> 2. このシステムは複雑すぎると思う。
> 3. このシステムは使いやすいと思う。
> 4. このシステムを使うためには専門家のサポートが必要だと思う。
> 5. このシステムの諸機能はうまく統合されている。
> 6. このシステムには一貫性がないところが多々ある。
> 7. たいていの人々はこのシステムの使い方をすぐに覚えると思う。
> 8. このシステムは非常に使いにくいと思う。
> 9. このシステムを使いこなせる自信がある。
> 10. このシステムを使うには事前知識が必要である。

図5.1 SUS

と，SUSがシステムに使いにくい点がないかを確認するものであることがわかる（6.4.3項）。また，人間中心設計（5.4節）の主導者の一人であるシャッケルは，当時，実用性（ユーティリティ），ユーザビリティ，好ましさ（ライカビリティ）の三つがコストと比較して見合ったものかどうかで，製品やシステムが受容されるかどうかが決まると考えていた[3]。このときにシャッケルが想定していたユーザビリティは，うまく使えるかどうかという意味合いであった。

ユーザビリティ工学（usability engineering）を提唱したニールセンは，ユーザビリティは実用性（ユーティリティ）と合わせて有用性（ユースフルネス）を構成するものとし，ユーザビリティの下位項目として，学習のしやすさ，記憶のしやすさ，エラーの少なさ，効率性，主観的満足度の五つを挙げている（**図5.2**）[4]。

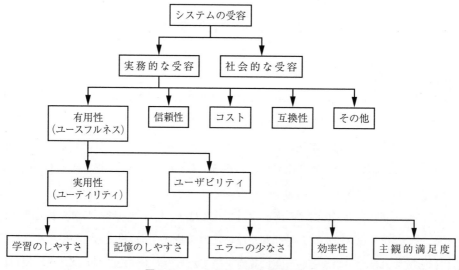

図5.2 ニールセンのユーザビリティ

1) **学習のしやすさ**：すぐに使うことができるように，簡単に使い方が学べるようにする。
2) **記憶のしやすさ**：久しぶりに使用するときでもすぐに使うことができるように，記憶負担が少なくなるようにする。
3) **エラーの少なさ**：致命的なエラーは発生しないようにする。致命的ではないエラーも可能な限り発生しにくいようにしなければならないが，もしエラーが発生した場合には回復が容易となるようにする。
4) **効率性**：操作時の無駄を省くなど，効率よく利用できるようにする。
5) **主観的満足度**：使って満足するように，また楽しく使えるようにする。

5.1.2 ビッグユーザビリティ

ユーザビリティをマイナス面の克服という視点だけでなく，楽しく使えるというようなプラス要因を積極的に含める捉え方をビッグユーザビリティという。ニールセンのユーザビリティの定義では，ユーザビリティに実用性を含めた，有用性（ユースフルネス）にほぼ該当する。

人間工学におけるユーザビリティに関する最も標準的な定義は，JIS Z 8521：1999（対応国際規格 ISO 9241-11：1998)[5]によるものであるが，ISO 9241-11：1998 は 2018 年に改正されて ISO 9241-11：2018[6] となった（**表5.1**，5.6.7項）。その定義では，ユーザビリティは，**有効さ**（effectiveness），**効率**（efficiency），**満足度**（satisfaction）の三つから構成さ

表5.1 ユーザビリティの定義

ユーザビリティ（使用性） JIS Z 8521：1999 （ISO 9241-11：1998）		ある製品が，指定された利用者によって，指定された利用の状況下で，指定された目的を達成するために用いられる際の，有効さ，効率及び満足度の度合い。
	有効さ	利用者が，指定された目標を達成する上での正確さ及び完全さ。
	効　率	利用者が，目標を達成する際に正確さと完全さに関連して費やした資源。
	満足度	不快さのないこと，及び製品使用に対しての肯定的な態度。
ユーザビリティ （ISO 9241-11：2018） （ISO 9241-210：2019）		あるシステム，製品及びサービスが，指定された利用者によって，指定された利用の状況下で，指定された目標を達成するために用いられる際の，有効さ，効率及び満足度の度合い。
	有効さ	利用者が，指定された目標を達成する上での正確さ及び完全さ。
	効　率	達成した結果に関連して使用した資源。
	満足度	システム，製品又はサービスの利用の結果として生じた利用者の身体的，認知的及び情緒的な反応が利用者のニーズ及び期待を満たす度合い。

れるものである。ISO 9241-11：2018 の定義は，後述する人間中心設計（5.4.2項）のための規格 ISO 9241-210 の 2019 年改定[7]においても採用されている。また，定義に記されているように，ユーザビリティはユーザ，利用状況，目標の三つの要因に依存する（**図 5.3**）。どういった人がユーザなのか，どういった状況で使用するのか，何のために利用するのかによってユーザビリティは大きく変化する。あるユーザにとっては，満足の行くユーザビリティであっても，別の人にとっては，まったく受け入れられないユーザビリティであることもある。また，同じユーザであっても，利用状況や目標が異なればユーザビリティもまた変化する。さらに，ユーザが熟練することによっても，ユーザビリティが変化することもありうる。

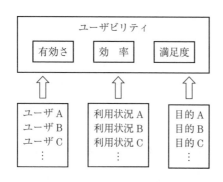

図 5.3 ユーザビリティ

これまでユーザ（使う人）については特に定義せずに使ってきた。JIS X 25010：2013（対応国際規格 ISO/IEC 25010：2011）[8]では，**ユーザ**（**user**）として直接利用者と間接利用者の 2 種類を想定している。直接利用者は実際にシステムを触って直接的に関わる人であるが，システム本来の目的のためにシステムを使う一次利用者とそれを支援する二次利用者に分けられる。間接利用者とは，システムを操作したりすることはないが，システムの出力や成果をもらう人をいう。例えば，会社でシステムのデータ出力を持ってこいと指示を出す上司が間接利用者，その指示に従って出力操作をする部下が一次利用者，システムをメンテナンスする業者が二次利用者となる。

ソフトウェア工学の分野では，ユーザビリティについて人間工学とは少し異なった見方，定義がされている。システム及びソフトウェアの品質に関する規格，JIS X 25010：2013（ISO/IEC 25010：2011）では，ユーザビリティは「明示された利用状況において，有効性，効率性及び満足性をもって明示された目標を達成するために，明示された利用者が製品又はシステムを利用することができる度合い」と表 5.1 に記載した人間工学での定義と類似の定義がなされているが，特徴的であるのは，ユーザビリティが製品が持つ品質特性の一つに位置づけられていることである（**図 5.4**）[8]（5.6.9項）。そして，ユーザビリティの品質副特性として，ユーザが自分のニーズに合っているかを判断する場合の容易さ（適切度認識性），使い方の習得しやすさ（習得性），操作の容易さ及び制御しやすさ（運用操作性），ユーザの

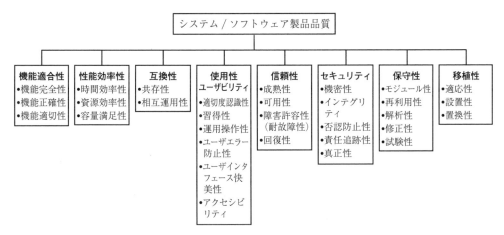

図 5.4 システム／ソフトウェア製品品質

表 5.2 SQuaRE におけるユーザビリティの副特性

適切度認識性	製品又はシステムが利用者のニーズに適切であるかどうかを利用者が認識できる度合い。
習得性	明示された利用状況において，有効性，効率性，リスク回避性及び満足性をもって製品又はシステムを使用するために明示された学習目標を達成するために，明示された利用者が製品又はシステムを利用できる度合い。
運用操作性	製品又はシステムが，それらを運用操作しやすく，制御しやすくする属性をもっている度合い。
ユーザエラー防止性	利用者が間違いを起こすことをシステムが防止する度合い。
ユーザインタフェース快美性	ユーザインタフェースが，利用者にとって楽しく，満足のいく対話を可能にする度合い。
アクセシビリティ	製品又はシステムが，明示された利用状況において，明示された目標を達成するために，幅広い範囲の心身特性及び能力の人々によって使用できる度合い。

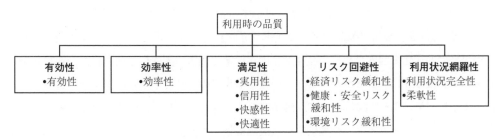

図 5.5 利用時の品質

誤った操作を防止できる程度（ユーザエラー防止性），楽しく満足のいく対話が期待できる程度（ユーザインタフェース快美性），多様な心身特性や能力を持つ人々が使用できる程度（アクセシビリティ）が挙げられている（**表 5.2**)[8]。さらに，ソフトウェアを実際に扱うときの**利用時の品質**（quality in use, **図 5.5**)[8] が別途，示されている。利用時の品質に有効

性，効率性，満足性が入っていることからわかるように，この利用時の品質は人間工学でのユーザビリティに近いものである。

5.2 アクセシビリティ

5.2.1 アクセシビリティ対応

年齢や障害の有無に関係なく，誰でもどんな環境でも機器（ハードおよびソフト）やサービスを利用できるようにすることを**アクセシビリティ**（accessibility）という。アクセシビリティもユーザビリティと同様に種々の定義が用いられているが，広い意味としては，「特定の使用状況において，特定の目標を達成するために，特性及び能力の異なる，より多くの人々が，製品，システム，サービス，環境及び施設を使用できる程度」[9]が一般的である（5.6.3項）。

アクセシビリティの対象者は障害者や高齢者とみなされがちであるが，対象者はより広く捉えられている。法的に障害者と認定される少し手前のレベルの障害を持つ人々，高齢者ではないが加齢の影響が出つつある人々，さらに怪我や病気をして一時的に身体の不自由を余儀なくされている人々なども含めて考えると，アクセシビリティを配慮することが非常に多くの人々の生活の質を向上させることにつながることがわかる。さらに，アクセシビリティを配慮することにより，周りがうるさい，光の関係で見えにくいなど使用環境が不利な状況においての利用が容易になるような場合もある。アクセシビリティを確保するために配慮すべき事項は，情報を受け取るための感覚（視覚，聴覚，触覚）や高次精神機能（認知，記憶，注意），機器を操作するための上肢や下肢の身体機能や発話機能等であり，ヒューマンインタフェースが関連する領域ほぼすべてに関わる。

日本規格協会ではアクセシビリティに対応するために基本規格，分野別共通規格（セクターガイド），個別規格（製品規格・ガイドライン）という体系を構築しつつ，国内規格と国際規格の共通化を図るために，積極的に国際標準化機構に国際標準化の提案，規格化を進めている。**表5.3**にアクセシビリティに関連する規格の一部を示した。アクセシビリティに関する基本規格がJIS Z 8071：2017（ISO/IEC Guide 71：2014）に改正されたため，分野別共通規格（セクターガイド）や個別規格（製品規格・ガイドライン）も順次改正されていく見込みである。また，民間団体においても『高齢者・障害者等に配慮した電気通信アクセシビリティガイドライン』[10]のように設計や評価の指針を定めており，アクセシビリティに配慮した製品開発が進められている。

表5.3 JIS規格（アクセシビリティ）

種別	JIS	JIS規格名称	ISO
基本規格	Z 8071：2017	規格におけるアクセシビリティ配慮のための指針	ISO/IEC Guide 71：2014
視覚表示物	S 0031：2013	高齢者・障害者配慮設計指針―視覚表示物―色光の年代別輝度コントラストの求め方	ISO 24502：2010
	S 0032：2003	高齢者・障害者配慮設計指針―視覚表示物―日本語文字の最小可読文字サイズ推定方法	
	S 0033：2006	高齢者・障害者配慮設計指針―視覚表示物―年齢を考慮した基本色領域に基づく色の組合せ方法	
視覚補助	S 0052：2011	高齢者・障害者配慮設計指針―触覚情報―触知図形の基本設計方法	
	T 0901：2011	高齢者・障害者配慮設計指針―移動支援のための電子的情報提供機器の情報提供方法	
	T 0902：2014	高齢者・障害者配慮設計指針―公共空間に設置する移動支援用音案内	
	T 0921：2017	アクセシブルデザイン―標識，設備及び機器への点字の適用方法	
	T 0922：2007	高齢者・障害者配慮設計指針―触知案内図の情報内容及び形状並びにその表示方法	
	T 0923：2009	高齢者・障害者配慮設計指針―点字の表示原則及び点字表示方法―消費生活製品の操作部	
	T 9251：2014	高齢者・障害者配慮設計指針―視覚障害者誘導用ブロック等の突起の形状・寸法及びその配列	
	T 9253：2004	紫外線硬化樹脂インキ点字―品質及び試験方法	
消費生活用製品	S 0011：2013	高齢者・障害者配慮設計指針―消費生活用製品における凸点および凸バー	ISO 24503：2011
	S 0012：2018	アクセシブルデザイン―消費生活用製品のアクセシビリティ―一般要求事項	
	S 0013：2011	高齢者・障害者配慮設計指針―消費生活用製品の報知音	
	S 0014：2013	高齢者・障害者配慮設計指針―消費生活用製品の報知音―妨害音及び聴覚の加齢変化を考慮した音圧レベル	ISO 24501：2010
	S 0015：2018	アクセシブルデザイン―消費生活用製品の音声案内	
	S 0020：2018	アクセシブルデザイン―消費生活用製品のアクセシビリティ評価方法	
	S 0021：2014	包装―アクセシブルデザイン―一般要求事項	ISO 11156：2011
	S 0021-2：2018	包装―アクセシブルデザイン―開封性	ISO 17480：2015
	S 0022：2001	高齢者・障害者配慮設計指針―包装・容器―開封性試験方法	
	S 0022-3：2007	高齢者・障害者配慮設計指針―包装・容器―触覚識別表示	
	S 0022-4：2007	高齢者・障害者配慮設計指針―包装・容器―使用性評価方法	
	S 0023：2002	高齢者配慮設計指針―衣料品	
	S 0023-2：2007	高齢者配慮設計指針―衣料品―ボタンの形状及び使用法	
	S 0025：2011	高齢者・障害者配慮設計指針―包装・容器―危険の凸警告表示―要求事項	
施設・設備	A 2191：2017	高齢者・障害者配慮設計指針―住宅設計におけるドア及び窓の選定	
	S 0024：2004	高齢者・障害者配慮設計指針―住宅設備機器	
	S 0026：2007	高齢者・障害者配慮設計指針―公共トイレにおける便房内操作部の形状，色，配置及び器具の配置	
	S 0041：2010	高齢者・障害者配慮設計指針―自動販売機の操作性	
情報通信	X 8341-1：2010	高齢者・障害者等配慮設計指針―情報通信における機器，ソフトウェア及びサービス―第1部：共通指針	ISO 9241-20：2008
	X 8341-2：2014	高齢者・障害者等配慮設計指針―情報通信における機器，ソフトウェア及びサービス―第2部：パーソナルコンピュータ	ISO/IEC 29136：2012
	X 8341-3：2016	高齢者・障害者等配慮設計指針―情報通信における機器，ソフトウェア及びサービス―第3部：ウェブコンテンツ	ISO/IEC 40500：2012
	X 8341-4：2012	高齢者・障害者等配慮設計指針―情報通信における機器，ソフトウェア及びサービス―第4部：電気通信機器	
	X 8341-5：2005	高齢者・障害者等配慮設計指針―情報通信における機器，ソフトウェア及びサービス―第5部：事務機器	
	X 8341-6：2013	高齢者・障害者等配慮設計指針―情報通信における機器，ソフトウェア及びサービス―第6部：対話ソフトウェア	ISO 9241-171：2008
	X 8341-7：2011	高齢者・障害者等配慮設計指針―情報通信における機器，ソフトウェア及びサービス―第7部：アクセシビリティ設定	ISO/IEC 24786：2009
その他	S 0042：2010	高齢者・障害者配慮設計指針―アクセシブルミーティング	
	S 0043：2018	アクセシブルデザイン―視覚に障害がある人々が利用する取扱説明書の作成における配慮事項	
	T 0103：2005	コミュニケーション支援用絵記号デザイン原則	

5.2.2 情報アクセシビリティ，ウェブアクセシビリティ

情報に関連する機器やサービスなどを多くの人々が不自由なく利用できるようにすることを**情報アクセシビリティ**（information accessibility）という。障害者や高齢者はインターネットやパーソナルコンピュータなどの情報通信技術を利用することができない人の割合が高く，利用できる人との間にデジタルデバイド（情報格差）が生まれている。障害者については，2004年の障害者基本法改正において情報利用におけるバリアフリー化が定められ，障害者が円滑に情報を利用して他人と意思疎通ができるように，障害者が利用できる情報関連機器を開発したり，サービスを提供したりすることが求められるようになった。

現在，インターネットは多くの人々にとって重要な情報源となっているが，ホームページなどで提供される情報や機能を支障なく利用できることを**ウェブアクセシビリティ**（web accessibility）と呼ぶ。ウェブアクセシビリティでは，他のアクセシビリティと異なり，高齢者や障害者，一時的に障害がある人々への配慮だけでなく，使用する情報通信機器や表示装置の画面サイズや解像度，ウェブブラウザのバージョンに関する対応も必要となる。

『障害を理由とする差別の解消の推進に関する法律』（障害者差別解消法，2013年）において，ウェブアクセシビリティを含む情報アクセシビリティは，合理的な配慮を行なうための環境の整備と位置づけられた。特に，国や地方公共団体等の公的機関はウェブアクセシビリティ対応が義務化されたため，総務省は，ウェブアクセシビリティに関する規格であるJIS X 8341-3：2016[11]（5.6.4項）に基づいて，『みんなの公共サイト運用ガイドライン』[12]を作成し，アクセシビリティチェックツールを公開している。自治体などの公的機関がウェブアクセシビリティに配慮したサイト構築を行っていない場合，住民が必要な情報を入手できなかったり，各種の申込みや問合せができなかったりと，社会参加に制限を受けて不利益を被る人々が生じる。さらに，災害時に重要な情報が届かないような重大事態の発生も懸念される。民間企業の場合にはウェブアクセシビリティ対応は努力義務であるが，ウェブアクセシビリティに対応しないことは顧客の離脱による機会損失や企業のイメージダウンが発生する。

5.3 ユーザエクスペリエンス

5.3.1 ユーザエクスペリエンスの流れ

ユーザエクスペリエンス（user experience，UX）は，モノを使う，あるいはサービスを受けるということに関連して生じるさまざまな体験や経験の総体を意味している。言葉としては，1990年代に，ノーマンがヒューマンインタフェースやユーザビリティよりも広い概念として，（デザインやインタフェース，マニュアルなどを含む）モノの使用経験に関するすべての側面をカバーする言葉として提唱したと言われている[13],[14]。

当時は，1998 年に ISO 9241-11『人間工学―視覚表示装置を用いるオフィス作業―使用性についての手引』，1999 年に ISO 13407『インタラクティブシステムの人間中心プロセス』と立て続けにユーザビリティに関する重要な国際規格が定められ，またウェブサービスの普及とともにウェブユーザビリティという言葉もよく使われるようになっていくという状況であった。ユーザエクスペリエンスはそのような流れの中でしだいに急速に世間に認知されるようになっていった。おそらくは，ちょうど 2000 年頃，商品やサービスに対する顧客の体験や経験（カスタマーエクスペリエンス）を重視する考え方が生まれ，企業の経営戦略に採用されていく状況であったことから，類似の考え方として受け入れ易かったのではないかと思われる。ユーザエクスペリエンスでは，製品を作る，サービスを提供するという場面において，ユーザが欲している体験を作り出すことが目標となる[15]。

ISO 13407 は 2010 年に改訂されて ISO 9241-210 となり，ISO の規格として初めてユーザエクスペリエンスが導入された。その後，2018 年に ISO 9241-11 が改訂されたときも同様にユーザエクスペリエンスが規格に取り込まれている。

5.3.2 ユーザエクスペリエンスの考え方

ノーマンがユーザエクスペリエンスを発想したときに明確に定義づけを行わなかったことから，ユーザエクスペリエンスに対しては良くも悪くもさまざまな捉え方がなされている。2000 年と 2002 年には，情報アーキテクトによりユーザエクスペリエンスを説明する二つの図が公表された。これらはウェブデザインだけでなく，さまざまなモノの設計において参考にでき，よく引用されている。

一つは，ギャレットによる **5 階層**（the five planes）の図である（**図 5.6**）[16],[17]。この図はユーザエクスペリエンスに影響を及ぼす事項を，表層，骨格，構造，要件，戦略の五つの階層で説明している。上の階層は下の階層に支えられており，下の階層の制約を受ける。このため，基本的には下の階層から上の階層へと構築を進めていくが，上の階層が下の階層に影響を及ぼすこともあるため，下の階層が完成してからその上の階層に着手するというわけではない。ギャレットは上下の階層を多少重なりつつ開発を進めていき，下の階層から順次完成していくようにすることを勧めている。

1) **表　層**：ヒューマンインタフェース部分の見た目の決定。
2) **骨　格**：ヒューマンインタフェースを構成する要素の検討。情報や入力フィールドの優先度や配置，表示する情報の表現方法を設計。
3) **構　造**：ユーザとのインタラクション，情報空間の構造設計。
4) **要　件**：必要な機能やコンテンツの検討。どういった機能／コンテンツが必要で，どういった機能／コンテンツは不要であるかを考え，取捨選択する。

84   5. インタフェース開発の考え方

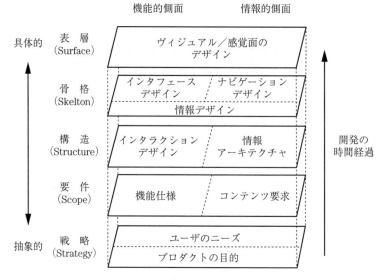

図 5.6　ギャレットの 5 階層

5) **戦　略**：サイトやアプリケーションを提供（あるいは販売）する目的，ならびにユーザの利用目的の明確化。ユーザのニーズを明確にするにはユーザ調査（6.1 節）を行う必要がある。

もう一つは，**ユーザエクスペリエンスのハニカム構造**（user experience honeycomb）と呼ばれている，モービルが考案した七つの要素からなる図である（**図 5.7**)[18]。

1) **役に立つ**：ユーザの目的を達成するために役に立っているかどうかはまず問われる要素である。
2) **使いやすい**：ユーザエクスペリエンスにとって，ストレスなく使えることは必須であるが，それだけでは十分ではない。
3) **好ましい**：見た目や雰囲気，使ってみた印象など感覚的なレベルでユーザに好まれることも重要である。

図 5.7　モービルの UX ハニカム

4) **見つけやすい**：操作方法がすぐにわかり，欲しい情報に辿り着くのが容易。
5) **アクセスしやすい**：障害者や高齢者も問題なく使える。
6) **信頼できる**：さまざまなデザイン要素が信頼感を生む。提供する情報の信憑性はサイトやアプリケーションの信頼度にも影響する。
7) **価値がある**：上記の六つが価値のある体験を生む。このため，ハニカム構造の真ん中に配置されている。

また，ハッセンツァールは，**図5.8**のように，デザイナ視点とユーザ視点に分けてユーザエクスペリエンスを説明している[19]。デザイナは製品の特徴を設計し，製品にはデザイナが意図した性質が宿る。ユーザはさまざまな属性を製品から受け取り，そこから魅力を感じたり，満足を感じたりする。デザイナはユーザが感じることについては関与できないし，ユーザは製品デザインには関与できない。また，ユーザの持つ印象は，状況の影響も大きく受ける。意図した製品の性質，外見上の製品の性質の中身として，実用的属性とヘドニック属性が想定されている。黒須はヘドニック属性を感性的属性と訳している[20]。

ユーザエクスペリエンスは時間軸で考えることも重要である。ユーザエクスペリエンスの期間モデルは，製品やシステム，サービスを利用しているとき（一時的UX）だけでなく，

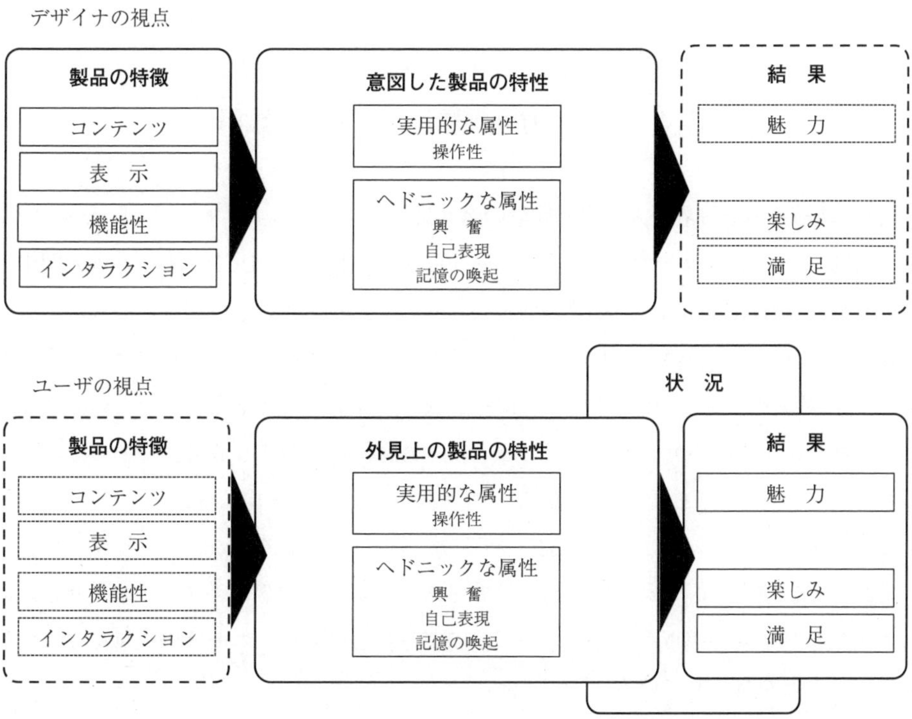

図5.8 ハッセンツァールのモデル

購入前に利用することを考えたとき（予期的UX），利用した後で利用していたときのことを思い出したとき（エピソード的UX），しばらく利用した後にそれまでの使用経験をトータルで考えたとき（累積的UX）のように，ユーザエクスペリエンスは製品やシステム，サービスのすべての期間に及ぶものであることを示している（**図5.9**）[21]。

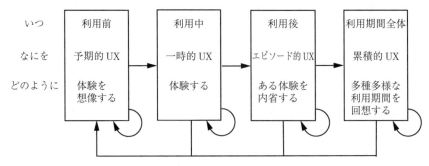

図5.9 UXの期間モデル
（出典　ユーザエクスペリエンス（UX）白書[21]）

黒須はISO/IEC 25010：2011などを参考にして，設計時の品質と利用時の品質，客観的品質と主観的品質の四つに区分し，**図5.10**を発表している[22]。ユーザビリティは客観的設計品質，ユーザエクスペリエンスはユーザ特性や利用状況と合わせて利用時の品質となっている。

5.4　ユーザ中心設計，人間中心設計

5.4.1　ユーザ中心設計，人間中心設計の考え方

1980年頃になると，**ユーザ中心設計**（user centered design, UCD）あるいは**人間中心設計**（human centred design, HCD）と呼ばれる設計手法が出てきた。両者ともに英語の名称ではデザインという言葉が使われている。日本語でデザインというと見た目の装飾や意匠をイメージするが，ユーザ中心設計や人間中心設計で使われているデザインとは，ギャレットの5階層（5.3.2項）が示すように，モノの開発全体に関わる「設計」である。ユーザ中心設計はノーマン[23]が主導しておもにアメリカで使われ，人間中心設計はシャッケル[24]が中心となりヨーロッパで普及した用語であるが，現在では実質的には同じとみなされている。それまでは技術中心のシーズ志向の設計であったが，これらの手法は，ユーザが求めているニーズを科学的に明らかにし，ニーズが満たされるように，ユーザの立場に立って製品を設計することを目指している。

基本的な考え方は，グールドとルイスの設計3原則によく表れている[25]。

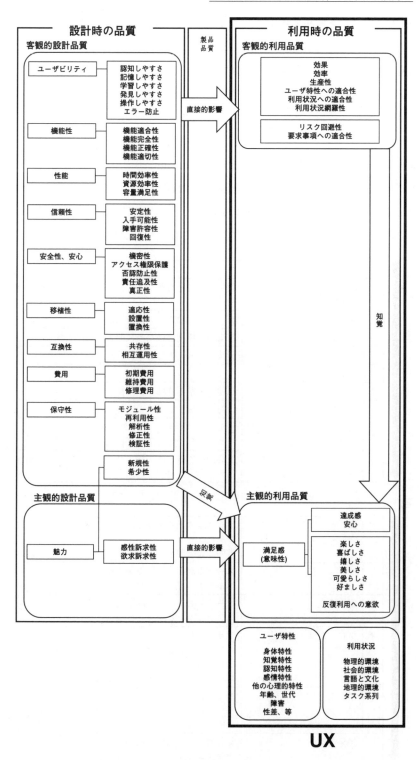

図 5.10 黒須のモデル
（出典 Kurosu, M.：Nigel Bevan and concepts of usability, UX, and satisfaction, *Journal of Usability Studies*, **14**, 3, pp. 156-163（2019）[22]）

1) **ユーザやタスクを解析する**：ユーザは誰なのかを特定し，ユーザの認知特性，行動特性，そしてタスクの性質を明らかにする。
2) **開発において計測を重視する**：プロトタイプやシミュレーションを用いて，ユーザのパフォーマンスやリアクションを計測し解析する。
3) **繰り返し設計**：設計，テスト，計測のループを繰り返して，問題を見つけ，解消する。

ベイヤーとホルツブラットの**コンテクスチュアル設計**（contextual design）[26),27)]やクーパーの**ゴールダイレクテッド設計**（goal directed design, 6.2.3項）[28)]も同じ考え方による設計手法である。それぞれの開発の流れを図5.11と図5.12に示した。また，**デザイン思考**（design thinking）[29),30)]も人間（ユーザ）を中心とした課題解決アプローチであり，ユーザ中心設計や人間中心設計と同じような手法を用いるものである。

	要求と解決	
1	コンセプチュアルインクワイアリ	現場で顧客と対話
2	解釈セッション	チームで重要ポイントの把握
3	ワークモデルと親和図法	市場の全体理解のために顧客データを統合
4	ビジョニング	新技術で人々の行為を再設計
	コンセプトの定義と検証	
3	ストーリーボード	課題や役割の詳細を明確化
4	ユーザ環境設計	行為を支援する環境の設計
5	ペーパーモックアップとインタビュー	インタラクションのパターンを使ってインタフェースのモックアップ作成
6	インタラクションと外観の設計	最終的な外観とユーザエクスペリエンスを設計しテスト

図5.11 コンテクスチュアル設計のプロセス

1	調査	民族誌学の手法を使ったユーザ調査や関係者インタビュー 市場や競合製品などの調査
2	モデリング	ユーザや利用文脈のモデル化 ペルソナ，ワークフロー作成
3	要件確定	ユーザ，ビジネス，技術的要件定義 コンテキストシナリオ作成
4	フレームワーク設定	デザイン構造とフローの定義 インタラクションフレームワーク，ビジュアルフレームワーク作成 ユーザエクスペリエンスの定義
5	精緻化	振る舞い，形態，内容などを詳細にデザイン キーパスシナリオ，チェックシナリオの活用 形成的評価
6	開発支援	実装開発チームの要求のサポート デザイン変更

図5.12 ゴールドダイレクテッド設計のプロセス

5.4.2 人間中心設計

人間中心設計を実施するための規格として知られてきた ISO 13407：1999（JIS Z 8530：2000『人間工学―インタラクティブシステムの人間中心設計プロセス』）[31] は，2010 年に ISO 規格が改訂された際に ISO 9241 シリーズに繰り入れられ（ISO 9241-210：2010[32]），さらに 2019 年に改定された[7]。大きな変更点は，他の新しい規格と整合性を保つように定義の修正，ユーザエクスペリエンス概念の導入，プロセス図の変更である。ユーザエクスペリエンス導入の背景には，ユーザビリティがシステムを使いやすくするというスモールユーザビリティの意味で理解されがちであり，誤解されないようにとの考えがあった。ユーザエクスペリエンスの導入に伴い，扱う対象もコンピュータをベースとしたインタラクティブシステムのみから，サービスを含むものに大きく拡大した。

人間中心設計の柱として以下の六つの原則が挙げられている。

1) ユーザ，仕事内容，環境について明確に理解して設計する。
2) 設計と開発の全体に渡ってユーザが関わる。
3) ユーザが中心となった評価に基づいて設計を行い改良する。
4) プロセスを反復する。
5) ユーザエクスペリエンス全体を考えて設計する。
6) さまざまな技能や視点を持つ人員を設計チームに含める。

開発の流れは**図 5.13**[7] に示したプロセス図に従ったものとなる。2010 年の規格までは，「人間中心設計の計画」から「利用状況の把握と明確化」へと矢印が引かれており，計画を立てた後に利用状況の把握から開始することが明示されていた。2019 年の改定では，4 つのステップ全体を包含する四角枠が追加され，計画を立てた後の矢印はその四角へと向かって

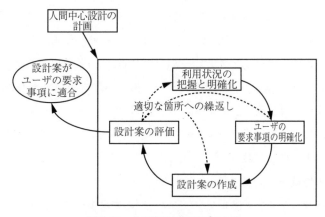

図 5.13 人間中心設計のプロセス

いる。これは，状況により実際に始めるステップが異なることを示している。例えば，利用状況が十分に把握され明確になっている場合は，次の要求事項の明確化から作業を開始する。設計案の評価に基づいて，必要に応じて適切なステップに戻ってやり直すことが必須であるが，どのステップにおいても，ユーザが関わり，つねにユーザ目線で判断をしていくことが重要である。規格に記されている各ステップの内容を中心に要約すると以下のようになる。

〔1〕 **人間中心設計の計画**

　構想，分析，設計，実装，テスト，保守という製品やシステムのライフサイクルすべてにおいて，人間中心設計を組み込んでいく。人間中心設計では図5.13のように評価結果を反映するために前のステップに戻ることが決められているので，そのための時間，経費，人材をあらかじめ確保しておく必要がある。

〔2〕 **利用状況の把握と明確化**（6.1節，6.3節）

　ユーザと利害関係者（ステークホルダ）について調べ，ユーザの知識や技能，経験，教育，訓練，身体特性，習慣，嗜好，能力などの諸特性について把握する。アクセシビリティへの配慮のため，多様な人々が使用する可能性も想定しておかなければならない。さらにユーザの利用目的や作業内容，システムの動作環境についても把握することが必要である。作業内容としてなにをするのかということだけでなく，健康面や安全面への悪影響が懸念されたり，間違って操作した場合に大きな損害が発生する恐れがあったりするようなことが予想できるときは，そのことについても明らかにしておく。システムの動作環境には，物理環境，社会環境，文化環境が含まれる。

〔3〕 **ユーザの要求事項の明確化**（6.2節）

　ユーザの要求事項を明確にし，製品やシステムが持つべき機能などを確定していくが，人間中心設計では，想定される利用状況や仕事の目的に照らして要求事項を明確化していくことが求められる。具体的には，想定される利用状況，ユーザの要求内容や利用状況から考えられる要求事項，人間工学やインタフェースに関する知見，各種規格やガイドラインなどから必要と考えられる要求事項，ユーザビリティに関する要求事項やその数値目標などである。要求項目同士が相反し両立し得ないような場合には，その問題を解決する手段を考えておく必要がある。要求事項は後でテストをしたり，利害関係者が確認したり，必要に応じて更新したりできるようにしておく。

〔4〕 **設計案の作成**（6.3～6.5節）

　ユーザエクスペリエンスを考慮しながら，ユーザの要求事項に合致するように，ユーザが

行なう内容，ユーザとシステムのインタラクション，インタフェースを決定していく。設計案の作成にあたっては，JIS Z 8520：2008（ISO 9241-110：2006）[33] の対話の原則（5.6.7項），関連する規格やガイドライン，人間工学の知見などを参考にすることができる。

　シナリオ（6.2.3項），シミュレーション，プロトタイプ（6.3節）を利用するなどして，ユーザや利害関係者からフィードバックを得ながら設計案を詳細に詰めていく。初期の段階で使用するプロトタイプは忠実度の低いもので十分である。この段階ではプロトタイプ作成に，時間や手間，経費をかけないほうがよい。設計案の作成が進むにつれて，プロトタイプは忠実度の高いものが必要となってくる。

〔5〕　**設計案に対する評価**（6.3～6.5節）

　インスペクション法（エキスパートレビュー，チェックリストを含む）（6.4節），ユーザテスト（6.5節），長期のモニタリングにより設計案に対して評価を行う。インスペクション法はユーザテストと比較すると低予算かつ短期間で実施でき効率的である。ユーザテストを実施する前にインスペクション法による評価と改善を行うことで，大きな問題点を見つけて改善しておくことができ，よりコストパフォーマンスが良くなる。ユーザテストも設計の各段階で実施可能である。モデルやシナリオ，スケッチなどを用いて実施する初期段階のユーザテストでは，設計案に対する貴重な意見を得ることができる。開発の後半の段階のユーザテストでは，パフォーマンス評価や主観評価を得ることができる。ソフトウェア開発の場合は，ベータ版として実際にユーザに試用してもらうことも行われている。製品やシステムが実際に使用されるようになってしばらく経過したとき（例えば，半年や1年）のフォローアップ評価も重要である。長期的に使用して初めてわかることも多く，また開発当初は予見できなかったさまざまな状況の変化が生じていることもある。

5.5　色の表現と配色

5.5.1　色の三属性

　色をどのように言い表すかに関しては，古くから多様な言葉が使われている。そこで，JISでは物体色と光源色について，広く用いられている慣用色名と赤や青といった基本色名に明るいとか，くすんだといった修飾語を付して表現する系統色名を定めている（5.6.11項，5.6.12項）[34],[35]。しかし，人間の眼は非常に多くの色の識別が可能であり，このような表現方法ではごく一部の色しか言い表すことはできない。このため，考案された色の表現方法の一つで最もよく使われているものが，色相，彩度，明度という**色の三属性**（three attributes of color）で表現する方法である。この三つの属性は，**図5.14**のように図示される

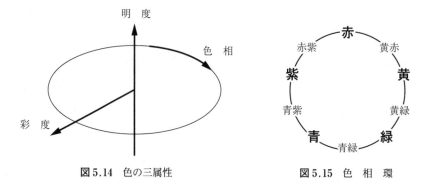

図 5.14　色の三属性　　　　　　　図 5.15　色相環

ことが多い。

1) **色相**（hue）：色相は，赤，青，黄という色味，色合いの違いであり，網膜に到達する光の主波長によって決まる。物理学では電磁波の波長の長短からなる帯で色相の違いが表現される（2.2 節）が，色彩科学では丸く円を作り，それを**色相環**（color wheel）と呼ぶ（図 5.15）。色相環で反対の位置にある色の組合せを補色という。補色は色相差が大きいのでお互いを目立たせる効果が強い。しかし，彩度が高い場合は色の境がちらつくハレーションを感じることもある。

2) **彩度**（chroma）：彩度は，色の鮮やかさ，色味の強さである。飽和度（saturation）と呼ばれることもある。各色相において最も彩度の高い色は純色といい，濃い色であるが，彩度が低下すると淡い色になる。そして，彩度が最も低い色は，白，灰色，黒といった色相を感じない**無彩色**（achromatic color）となる。色相を感じる色は**有彩色**（chromatic color）と呼ばれる。

3) **明度**（brightness, lightness, value）：明度は，明るさの度合いであり，物体の持つ光の反射率に関係する。無彩色は明度のみで表すことができ，反射率の高い白は明度が高く，反射率の低い黒は明度が低い。有彩色の場合も同様にして，明暗の差を明度で表現する。

5.5.2　混　　　色

色を混ぜると新しい色ができるが，これを**混色**（mixture of color）という。色覚は 3 種類の錐体の反応によるもの（2.2 節）であるため，適した 3 色があれば人間が見分けることができるかなりの色を作ることができる。この三つの色を**三原色**（three primary colors）という。混色にはいくつかの種類があり，それにより三原色が異なる。

加法混色（additive mixture of color）：複数の単色光を同時に投射して混ぜることによる混色であり，混色の結果，元の色よりも明るくなる。加法混色の三原色は赤，緑，青であり，三原色をすべて混ぜると白が生じる（図 5.16（a））。

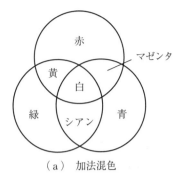
（a）加法混色

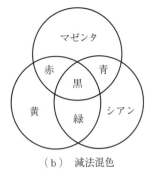
（b）減法混色

図 5.16　混　　色

テレビやコンピュータの液晶画面は，一つの画素（ピクセル）内に三原色からなるサブピクセルが並置されており，三原色の濃淡調整により色を作っている。画面上では混色していないが，ピクセルが非常に細かいため眼では混色されて見える仕組みとなっており，これを中間混色あるいは併置加法混色という。

減法混色（subtractive mixture of color）：入射する電磁波の波長により吸収率が異なる物質を組み合わせることによる混色であり，混色すると吸収される波長が増えるため暗くなる混色方法である。減法混色の三原色は，マゼンタ，黄，シアンであり，三原色をすべて混ぜると黒が生じる（図（b））。光源の前に複数の色フィルタを重ねて混色した場合には減法混色となる。また，水彩絵の具やプリンタのトナー等の色材の発色のおもな原理は減法混色であり，その色の波長のみを反射しそれ以外は吸収することで色を出している。

5.5.3　マンセル表色系

マンセル表色系（Munsell color system）は，画家のマンセルが 1905 年に提案し，アメリカ光学会が 1943 年に修正をした表色系（修正マンセル表色系）である[36]。日本では，JIS Z 8721：1993『色の表示方法―三属性による表示』として規格化されている（5.6.14 項）[37]。**図 5.17** はマンセルの色立体と言われるもので，縦の軸が明度，軸の円周周りに色相，軸からの距離が彩度を表現している。マンセル表色系は，三属性それぞれにおける変化の度合いが主観的に等しくなっている（主観的等歩度）という特徴がある。

色相（マンセルヒュー）は主要な色相として赤（R），黄（Y），緑（G），青（B），紫（P）を，そしてそれぞれの中間の色相として黄赤（YR），黄緑（GY），青緑（BG），青紫（PB），赤紫（RP）を設定し，これら 10 色相が基本となる。さらにそれぞれを知覚的に等間隔となるように 10 段階に分割すると計 100 段階の色相となる。ただし，JIS では 10 色相を 4 分割した 40 色相環を用いている（図 5.24 参照）。明度（マンセルバリュー）は，理想

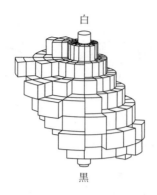

図 5.17 マンセル色立体

的な黒を 0,理想的な白を 10 とし,この間を明度の差が等しくなるように分割する。彩度(マンセルクロマ)は,無彩色を 0 として,色の鮮やかさの度合いにより,知覚的に等間隔となるように目盛っていく。最も高い彩度の数値は色相や明度により異なるため,色立体は図のように凸凹した形となる。

5.5.4　PCCS 表色系

PCCS 表色系(Practical Color Co-ordinate System)は一般財団法人日本色彩研究所が提案した表色系(**図 5.18**)[38]である。実用性を重視し,三属性すべてにおいて,それぞれ主観的等歩度となるように分割していることや明度と彩度をまとめたトーンを採用していることが特徴である。

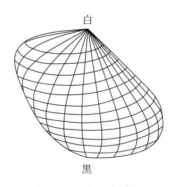

図 5.18　PCCS 色立体

色相環は,2 色,3 色,4 色の配色が選びやすいように 24 色相環を用いている。最初に,赤,黄,緑,青の 4 色相とその補色 4 色相の計 8 色相を配するが,この 8 色相ではその違いが主観的に等しくないため,4 色相を加えて各色相の知覚的な差が等しい 12 色相環を作成

する。さらに各色相の間に中間となる色相を加えて24色相環とする。明度は黒（1.0）から白（9.5）まで，0.5ステップで18段階に分割している。彩度は無彩色を0，各色相の最も鮮やかな色を9とし，1ステップ刻みで分割している。同じ色相でも，明度と彩度の違いにより，明るい・暗い，強い・弱い，濃い・淡い，深い・浅いというように色の調子（トーン）が異なる。PCCS表色系では有彩色12種類，無彩色5段階のトーンが設定されている。

5.5.5 CIE 表 色 系

CIE（Commision Internationale de l'Eclairage，国際照明委員会）はいくつかの表色系を定めているが，その中で基本となるのが **RGB表色系**（RGB color model）と **XYZ表色系**（XYZ color model）である。

RGB表色系の三刺激値（三原色に相当）は，赤700 nm，緑546.1 nm，青435.8 nmの単色光である。コンピュータの色指定に用いるRGBはCIEの表色系とはまったく異なるものであるが，24 bitフルカラーのディスプレイでは，1画素あたり24 bit，RGBそれぞれは8 bitとなり，8 bitは256階調の表現ができるため，理論上は3色合わせると256の3乗で約1670万色表示できる。

RGB表色系において等色実験（ある目的となる色に対して，三刺激値を混色して等しく見える色を作る実験）をすると，436〜546nm（青紫〜黄緑）が負の値をとる問題があった。そこで，CIEではRGBを以下のような変換をしてXYZ表色系を作成した。

$$X = 2.7689\,R + 1.7517\,G + 1.1302\,B$$
$$Y = 1.0000\,R + 4.5907\,G + 0.0601\,B$$
$$Z = 0.0565\,G + 5.5943\,B$$

XYZ表色系は，X，Y，Zの混色比を用いた xy 色度図（**図5.19**）で表すのが一般的である。

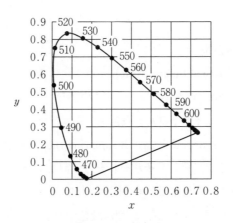

図5.19 xy 色度図

$$x = X/(X+Y+Z)$$
$$y = Y/(X+Y+Z)$$
$$z = Z/(X+Y+Z)$$

$x+y+z=1$ であるため，x と y が決まれば z は一意に決まる。このため，x と y の二次元平面で表示される。x 軸は数値が大きくなるほど赤みが増し，小さくなると青みが増す。y 軸は数値が大きくなるほど緑みが増す。湾曲している部分はスペクトル軌跡と呼び，色相の違いを，直線部分は純紫軌跡と呼び，スペクトルにない色を示している。すべての色はスペクトル軌跡と純紫軌跡に囲まれた内部に位置するが，真ん中のあたり（白色点）が最も彩度が低く，スペクトル軌跡ないしは純紫軌跡に近づくにつれ彩度が高くなる。

XYZ 表色系に関する日本での規格は，JIS Z 8701：1999『色の表示方法—XYZ 表色系及び $X_{10}Y_{10}Z_{10}$ 表色系』である（5.6.13 項）[39]。

5.5.6 CMYK 表色系

CMYK 表色系（**CMYK color model**）は，C（シアン），M（マゼンタ），Y（黄）を三原色とする減法混色の表色系である。プリンタのトナーなどはこれに基づく。三原色を混色すると黒ができるが，黒のしまりがよくないため，黒トナーは別に用意するようにしている。K は Key plate（印刷用語で，輪郭線などで黒を出すときの印刷版。スミ。）の略である。CMYK はそれぞれに対して 0〜100％で指定できるため数値上は 101 の 4 乗で約 10 億 4 百万色表示できることになるが，そこまでの微妙な色表現は不可能であり，RGB 表色系より逆に表現できる色は少ない。加えて表現できる色の範囲（カラースペース）も CMYK 表色系のほうが RGB 表色系よりも狭い。コンピュータのモニタに表示した写真を印刷すると色味が異なっていることがよくあるが，RGB データを CMYK に変換するときに近似色に置き換えられるためである。

5.5.7 オストワルト表色系

オストワルト表色系（**Ostwald color system**）は，化学者のオストワルトが 1920 年頃に考案した表色系（**図 5.20**）である[40]。ドイツの DIN 表色系，スウェーデンの NCS（Natural Color System）[41] はオストワルト表色系が基本となっている。

色相環は赤と緑（Sea Green），黄と青（Ultramarine Blue）を円周上に直交して配置し，それぞれの間に中間の 4 色を，そしてそれぞれを三分割して合計 24 色相である。また，マンセル表色系や PCCS 表色系の色相環とは逆回り（反時計回り）に配置されている。

明度や彩度ではなく，明度は白色量，彩度は純色量で表す。理想的な白（光を 100％反

(a) 色相環

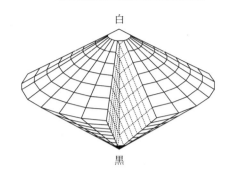
(b) 色立体
(立体内部が見えるように手前の一部を削除している)

図 5.20 オストワルト色相環と色立体

射）と理想的な黒（光を100％吸収），純色（完全色：特定の波長のみを100％反射し，それ以外を100％吸収）の三要素がどの程度含まれているかにより色を表記するため，三つの要素の合計は100（％）となる。

無彩色については，白と黒の混色比により8段階に分ける。このとき，無彩色の段階を心理的な変化と一致させるためにフェヒナーの法則（2.1.1項）に基づき，白（黒）の配分比が等比級数的に変化するようにしている。

5.5.8 配　　色

色の組合せには，感じのいいものとそうでないものがある。**色彩調和理論**（color harmony theory）は感じの良い配色を求める理論であり，古くから数多くの理論が提案されているが，科学的な研究が始まったのは19世紀後半からである。

シュブルール：シュブルール[42]は，類似色の調和と対比色の調和の二つの調和を発見した。それぞれ，色相やトーンが類似しているあるいは対照的である配色である。

オストワルト：化学者であったオストワルト[40]は，「調和＝秩序」という考えに基づき，オストワルト色立体において，灰色調和（三つの灰色は等間隔のときに調和する），等価値色調和（色立体を水平面で切断した面に位置する，白や黒の含有量が等しい色は調和する），等色相面調和（同じ色相においては色は調和しやすい）などを提案した。等色相面調和には，等白系列の調和（白の含有量が等しい），等黒系列の調和（黒の含有量の等しい），等純系列の調和（白と黒の含有量が等しい）の3種類の調和がある。

ムーンとスペンサー：ムーンとスペンサー[43)〜45)]は，修正マンセル表色系において，調和する範囲や釣り合いの取れた面積比を求める方法，配色の美しさを求める計算式の提案などを行い，大きな影響を及ぼした。近江によると，ムーンとスペンサーの理論はその後の研究で否定されてはいるが，史上初の実験美学的，包括的，定量的な理論であっ

たこと，シンプルでエレガントな形式であったこと，示唆に富む内容であったことなどがその原因であっただろうという[46]。

イッテン：イッテン[47]は，彼が考案した色相環上で幾何学的な関係にある色同士は調和するとした。幾何学的な関係とは，2色であれば色相環で反対の位置，3色以上であればお互いに同じくらい離れた位置にある関係である。

ジャッド：ジャッド[48]は，当時（20世紀半ば）までの諸理論を元に，調和する配色を，①秩序の原理（規則的に選ばれた色は調和する），②なじみの原理（自然界によく見られる色の変化など，見慣れている配色は調和する），③類似性の原理（色の感じに何らかの共通性や類似性がある配色は調和する），④明瞭性の原理（適度の色の差がありコントラストがある配色は調和する）の四つの原理にまとめた。

5.6 規　　格

5.6.1　JIS C 0447：1997『マンマシンインタフェース（MMI）—操作の基準』（IEC 60447：1993）[49]

電気機器のインタフェースに関して，操作装置の機能と操作方向，操作装置相互の配置についての一般的な基準を示した規格である。操作装置のタイプ，形態，配列の決定には，操作者の技量，運動性の限界，人間工学的側面などを考慮して，機能の要件や使用条件，運転条件を満足する必要がある。増大をもたらす操作は，左から右，下から上，時計回り，操作者の手前から向こうの方向への操作であり，操作者が操作結果を確認できるような場合は手の動きと目的の動きが同じ方向であることなどが推奨されている。例えば，停止押ボタンは**図5.21**のような配置に従うものとされている。IECの規格は2004年に改定されている。

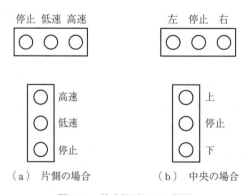

図5.21　停止押ボタンの位置

5.6.2 JIS Z 8907：2012『空間的方向性及び運動方向―人間工学的要求事項』（ISO 1503：2008）[50]

操作の方向と制御対象の運動の方向の関係について定めた規格であり，人間の知覚特性や作業の特性に合うように設計し，エラーができるだけ生じないように配慮することを求めている．操作の方向およびその操作によって起こる対象の動きの方向について，すでに広く浸透している方式がない限りは，人間が抱く自然な感覚（ポピュレーションステレオタイプ）に従う（3.5.4項）こと，複数の表示および操作装置を配置する場合には，それらの間の一貫性に注意することを推奨している．複数の機器を用いる場合において，機器と制御対象の変化を合わせるために**表5.4**のA群またはB群内で整合性を取ることとしている．

表5.4 対象物の変化と操作機器との整合

	A群	B群		A群	B群
位置	左	右	動作	切る	入れる
	下	上		停止	始動
	後	前		中止	開始
	末尾	先端		緩め	締め付け
運動方向	左方へ	右方へ		消火	点火
	下方へ	上方へ		排出	充満
	近づく	遠ざかる		引く	押す
	反時計回り	時計回り		取り外す	組み込む
	後ろへ	前へ		ダウンロード	アップロード
状態	暗	明		スクロールダウン	スクロールアップ
	寒	暖			
	遅	速			
	減速	加速			
	減少	増大			

5.6.3 JIS Z 8071：2017『規格におけるアクセシビリティ配慮のための指針』（ISO/IEC Guide 71：2014）[9]

元はJIS Z 8071：2003『高齢者及び障害のある人々のニーズに対応した規格作成配慮指針』（ISO/IEC Guide 71：2001）であったが，2017年に改正された（5.2.1項）．より包括的な規格となっているが，特徴的であるのは，対象者を高齢者及び障害のある人々から日常生活に何らかの不便を感じているより多くの人々に拡大，11のアクセシビリティ到達目標（**図5.22**）の設定，人間の能力及び特性を示すためにICFコード（International Classification of Functioning, Disability and Health，世界保健機関の国際生活機能分類）の採用，アクセシビリティ・ニーズ及び設計配慮点を考慮するための方策（**図5.23**）の追加などである．

```
1) より多くのユーザへの適応性
2) ユーザの予測との一致
3) 個々のニーズへの対応
4) アプローチしやすさ
5) 知覚しやすさ
6) 理解しやすさ
7) 操作しやすさ
8) ユーザビリティ
9) エラーの許容性
10) 公平な利用
11) 他のシステムとの互換性
```

図 5.22 アクセシビリティ到達目標

```
・情報表示及びユーザとのやりとりの複数の方法の提供
・より多くのユーザに適用するための固定変数の設定
・より多くのユーザに適用するための調整可能な変数の設定
・不必要な複雑さを最小限とする
・システムにアクセスするための個々のニーズへの対応
・システムとやりとりする場合の不必要な制約又は制約の排除
・福祉機器及び支援機器との互換性の提供
・システムの代替版の提供
```

図 5.23 ユーザアクセシビリティニーズ及び設計配慮点を考慮するための方策

5.6.4 JIS X 8341『高齢者・障害者等配慮設計指針―情報通信における機器, ソフトウェア及びサービス』

複数の国際規格や独自規格を日本規格協会が同一番号の規格群としたものである。この中で JIS X 8341-3：2016[11] はウェブコンテンツについて規定した規格であるが, ウェブに関する国際規格 WCAG（Web Content Accessibility Guidelines）2.0 が ISO/IEC 40500：2012 となったことを受け, 改正された（5.2.2項）。対象となる障害は, 視覚障害（全盲, ロービジョン）, 聴覚障害（ろう, 難聴）, 高次脳機能障害（学習障害, 認知障害）, 運動障害（運動制限）, 言語障害（発話困難）, 光過敏性発作, およびこれらの組合せを含むさまざまな障害である。四つの原則と 12 のガイドライン, 61 の達成基準が設けられている（**表 5.5**）。達成基準はアクセシビリティ確保に最低限必要なレベル A, 公的機関に求められているレベル AA, 最高水準のレベル AAA の三つにレベル分けされている。

5.6.5 JIS S 0013：2011『高齢者・障害者配慮設計指針―消費生活製品の報知音』[51]

家庭電化製品, 情報通信機器, 玩具などの消費生活製品に使用される警報音（周波数が一定のビープ音）について規定した規格である。受付・スタート音, 入力無効音, 停止音, 基点音（一つのボタンを何度も押してメニューを切り替えるときに基準, あるいは開始の位置を知らせる音）, 終了音, 注意音, 弱注意音の 7 種類を設定している。

また, 一般財団法人家電製品協会では, 『家電製品における操作性向上のための報知音に関するガイドライン』[52] など, 視覚（報知光）, 聴覚（報知音, 音声案内）, 触覚（点字表示）における家電製品の使いやすさを向上させるためのガイドラインを公表している。

表 5.5　四つの原則と 12 のガイドライン，61 の達成基準

1 知覚可能の原則		
1.1 代替テキスト		
1.1.1 非テキストコンテンツ	A	
1.2 時間依存メディア		
1.2.1 音声だけ及び映像だけ (収録済み)	A	
1.2.2 キャプション (収録済み)	A	
1.2.3 音声解説又はメディアに対する代替コンテンツ (収録済み)	A	
1.2.4 キャプション (ライブ)	AA	
1.2.5 音声解説 (収録済み)	AA	
1.2.6 手話 (収録済み)	AAA	
1.2.7 拡張音声解説 (収録済み)	AAA	
1.2.8 メディアに対する代替コンテンツ (収録済み)	AAA	
1.2.9 音声だけ (ライブ)	AAA	
1.3 適応可能		
1.3.1 情報及び関連性	A	
1.3.2 意味のある順序	A	
1.3.3 感覚的な特徴	A	
1.4 判別可能		
1.4.1 色の使用	A	
1.4.2 音声の制御	A	
1.4.3 コントラスト (最低限レベル)	AA	
1.4.4 テキストのサイズ変更	AA	
1.4.5 文字画像	AA	
1.4.6 コントラスト (高度レベル)	AAA	
1.4.7 小さな背景音，又は背景音なし	AAA	
1.4.8 視覚的提示	AAA	
1.4.9 文字画像 (例外なし)	AAA	

2 操作可能の原則		
2.1 キーボード操作可能		
2.1.1 キーボード	A	
2.1.2 キーボードトラップなし	A	
2.1.3 キーボード (例外なし)	AAA	
2.2 十分な時間		
2.2.1 タイミング調整可能	A	
2.2.2 一時停止，停止及び非表示	A	
2.2.3 タイミング非依存	AAA	
2.2.4 割込み	AAA	
2.2.5 再認証	AAA	
2.3 発作の防止		
2.3.1 3 回の閃光，又は閾値以下	A	
2.3.2 3 回の閃光	AAA	
2.4 ナビゲーション可能		
2.4.1 ブロックスキップ	A	
2.4.2 ページタイトル	A	
2.4.3 フォーカス順序	A	
2.4.4 リンクの目的 (コンテキスト内)	A	
2.4.5 複数の手段	AA	
2.4.6 見出し及びラベル	AA	
2.4.7 フォーカスの可視化	AA	
2.4.8 現在位置	AAA	
2.4.9 リンクの目的 (リンクだけ)	AAA	
2.4.10 セクション見出し	AAA	

3 理解可能の原則		
3.1 読みやすさ		
3.1.1 ページの言語	A	
3.1.2 一部分の言語	AA	
3.1.3 一般的ではない用語	AAA	
3.1.4 略語	AAA	
3.1.5 読解レベル	AAA	
3.1.6 発音	AAA	
3.2 予測可能		
3.2.1 フォーカス時	A	
3.2.2 入力時	A	
3.2.3 一貫したナビゲーション	AA	
3.2.4 一貫した識別性	AA	
3.2.5 要求による変化	AAA	
3.3 入力支援		
3.3.1 エラーの特定	A	
3.3.2 ラベル又は説明	A	
3.3.3 エラー修正の提案	AA	
3.3.4 エラー回避 (法的，金融及びデータ)	AA	
3.3.5 ヘルプ	AAA	
3.3.6 エラー回避 (すべて)	AAA	

4 堅牢の原則		
4.1 互換性		
4.1.1 構文解析	A	
4.1.2 名前 (name)，役割 (role) 及び値 (value)	A	

5.6.6 JIS S 0033：2006『高齢者・障害者配慮設計指針—視覚表示物—年齢を配慮した基本色領域に基づく色の組合せ方法』[53]

看板や標識などの視覚表示物において使用する，識別性の高い色の組合せ方法について規定した規格である．若年者，高齢者それぞれにおいて，識別性の高い色の組合せが明所視（500 lx 以上），薄明視（0.5 lx 未満）に分けて示されている（**表 5.6**）．

表 5.6 高齢者の識別性の高い色の組合せ

	赤	黄赤	黄	黄緑	緑	青緑	青	青紫	紫	赤紫	灰	白	黒
赤		△	◎	◎	◎	◎	◎	◎	◎	◎	◎	◎	◎
黄赤	○		○	◎	◎	◎	◎	◎	◎	◎	◎	◎	◎
黄	◎	○		○	◎	◎	◎	◎	◎	◎	◎	◎	◎
黄緑	◎	◎	◎		○	◎	◎	◎	◎	◎	◎	◎	◎
緑	◎	◎	◎	△		○	△	◎	◎	◎	◎	◎	◎
青緑	◎	◎	◎	◎	○		△	○	◎	◎	◎	◎	◎
青	◎	◎	◎	◎	◎	○		△	○	◎	◎	◎	◎
青紫	◎	◎	◎	◎	◎	◎	○		○	◎	◎	◎	◎
紫	◎	◎	◎	◎	◎	◎	○	○		△	◎	◎	◎
赤紫	○	△	◎	◎	◎	◎	◎	○	○		◎	◎	◎
灰	◎	◎	◎	△	◎	◎	◎	◎	◎	◎		○	◎
白	◎	◎	◎	◎	◎	◎	◎	◎	◎	◎	○		◎
黒	◎	◎	◎	◎	◎	◎	○	◎	◎	◎	◎	◎	

右上の三角が明所視，左下の三角が薄明視
◎は非常に識別性の高い組合せ，○は識別性の高い組合せ，△は識別性の低い組合せ

5.6.7 JIS Z 8511〜8527『人間工学—視覚表示装置を用いるオフィス作業』（ISO 9241）

ISO 9241 は元は視覚表示装置を用いたオフィス作業に関して人間工学的観点から要求事項をまとめた規格シリーズである．JIS では Z 8511〜8527 に分けて制定された（**表 5.7**）．JIS 規格ではユーザビリティを使用性と訳していたが，最近はユーザビリティ表記に変わっている．現在，幅広く人間とシステムのインタラクションに関する人間工学の規格となるように体系の再構成が行われつつある．ISO 9241-11：1998（JIS Z 8521：1999）[5] ならびにその改正版の ISO 9241-11：2018[6]，そして ISO 13407：1999（JIS Z 8530：2000）[31] ならびにその改正版の ISO 9241-210：2010[32] は，よく引用される重要な規格である（5.1.2項）．

また，ユーザとシステムとのインタラクションについては，以下の七つの「対話の原則」があり，こちらもよく参照されている（JIS Z 8520：2008（ISO 9241-110：2006））[33]．

1) **仕事への適合性の原則**：課題遂行の助けとなるか，遂行に有用な情報は提示するが，そうでない情報は提示しないのがよい．また，典型的な入力値がある場合は，入力する必要がないようになっているのがよい．

表 5.7 JIS Z 8511 ～ 8527 (ISO 9241)

JIS Z	制定	副題	ISO	制定
8511	1999	通則	9241-1	1997
8512	1995	仕事の要求事項についての指針	9241-2	1992
8513	1994	視覚表示装置の要求事項	9241-3	1992
8514	2000	キーボードの要求事項	9241-4	1998
8515	2002	ワークステーションのレイアウト及び姿勢の要求事項	9241-5	1999
8516	2007	作業環境に関する指針	9241-6	1999
8517	1999	画面反射に関する表示装置の要求事項	9241-7	1998
8518	1998	表示色の要求事項	9241-8	1997
8519	2007	非キーボードの入力装置の要求事項	9241-9	2000
8520	2008	人とシステムとのインタラクション-対話の原則	9241-110	2006
8521	1999	使用性についての手引	9241-11	1998
8522	2006	情報の提示	9241-12	1998
8523	2007	ユーザー向け案内	9241-13	1998
8524	1999	メニュー対話	9241-14	1997
8525	2000	コマンド対話	9241-15	1997
8526	2006	直接操作対話	9241-16	1999
8527	2002	書式記入対話	9241-17	1998

(8520 以外は表の副題の前に「視覚表示装置を用いるオフィス作業」が入る)

2) **自己記述性の原則**：ユーザがシステムとなにについての対話（やりとり）をしているのか，全体の中でどの段階にいるのか，どのような操作が可能であり，どのように操作すればよいかなどがつねに明白であることが望ましい。

3) **ユーザの期待への一致の原則**：システムの応答は，その状況においてユーザが想定する範囲のものであるのがよい。例えば，表示される用語はユーザが容易に理解できる馴染みのある語彙である必要があり，操作を行った場合は即座に適切なフィードバックがあってしかるべきである。類似の作業は類似の手順で行えるように設計する。

4) **学習への適合性の原則**：ユーザがシステムの使い方を学べる工夫が必要である。ユーザがそのシステムで使われている規則や基礎概念を学習できることが望ましい。ユーザのレベルは多様であるため，必要な支援はユーザによって異なる。

5) **可制御性の原則**：いつでもユーザが主体的にシステムを制御できるようにする。対話するペースはユーザが必要性や特性に応じて決定できるようにする。最後の操作を取り消したり，画面表示方法を変更したりというような機能を考慮すべきである。

6) **誤りに対しての許容度の原則**：操作に誤りがあった場合にユーザが必要最小限の修正操作で本来意図した結果が得られるようにする。誤操作防止のために十分に配慮し，誤操作があった場合には誤操作を検出し正しい操作を促すようにする。

7) **個人化への適合性の原則**：多様なユーザに応じて，システムの特性を変更できるようにする。ユーザが自分の要求に適したものを選択できることが望ましい。

5.6.8　JIS Z 8530：2000『人間工学―インタラクティブシステムの人間中心設計プロセス』(ISO 13407：1999)[31]

人間中心設計の方法について定めた規格であり，この規格により人間中心設計が世間で認知されるようになった。ISO規格は2010年にISO 9241-210と変更され，ISO 13407は廃版となった（5.4.2項）。図5.13に相当するプロセス図は，評価から要求事項や設計案作成に向かう破線，評価からユーザの要求事項に向かう破線がなく，評価から利用状況の把握と明確化への破線が実線矢印となっていた。

5.6.9　JIS X 25000（ISO/IEC 25000）SQuaREシリーズ『ソフトウェア製品の品質要求及び評価』

JIS X 25000（ISO/IEC 25000）から始まる一連の規格はSQuaREシリーズ（Software product Quality Requirements and Evaluation）と呼ばれ，ソフトウェア製品の品質要求を仕様化し評価することを目的とした規格である。対象とするソフトウェア製品には，オペレーティングシステム，アプリケーションソフトウェア，データ，さらにはコンピュータシステムをも含む。JIS X 25010：2013（ISO/IEC 25010：2011)[8]は，品質特性を定義し，品質特性相互の関係を示すモデルである品質モデルに関する規格である（5.1.2項）。

5.6.10　JIS Z 8105：2000『色に関する用語』[54]

測光，測色，視覚に関するおもな用語やその定義について規定した規格である。例えば，**視認性**（visibility）は対象物の存在または形状の見やすさの程度，**可読性**（legibility）は文字，記号または図形の読みやすさの程度と定義されている。

5.6.11　JIS Z 8102：2001『物体色の色名』[34]

物体色，特に表面色の色名について規定している。透明色の色名については，この規格の色名を準用する。色の呼び方には，系統的に分類した系統色名と昔から使用されている慣例に従った慣用色名の2通りがあるが，系統色名が基本となる呼称であり，系統色名では表現しにくい場合に慣用色名を用いる。

系統色名は，基本色名に修飾語を付したものである。有彩色の基本色は10種類（赤，黄赤，黄，黄緑，緑，青緑，青，青紫，紫，赤紫），無彩色の基本色は3種類（白，灰色，黒）である。修飾語には，明度や彩度に関する修飾語（鮮やかな，明るい，うすいなど），色相

に関する修飾語（赤みの，黄みの，緑みのなど）が決められている。慣用色名としては，桜色，土色，オリーブなどが挙げられている。

5.6.12 JIS Z 8110：1995『色の表示方法―光源色の色名』[35]

光源から発する光の色で，発光しているように見える色名について規定している。光源色の場合も物体色と同じで，系統色名と慣用色名の2通りがあり，系統色名でよりにくい場合に慣用色名を用いる。

光源色の場合の基本色は12種類（赤，黄赤，黄，黄緑，緑，青緑，青，青紫，紫，赤紫，ピンク，白）である。慣用色名としては，電球色，昼光色などがある。

5.6.13 JIS Z 8701：1999『色の表示方法―XYZ 表色系及び $X_{10}Y_{10}Z_{10}$ 表色系』[39]

CIE の XYZ 表色系および $X_{10}Y_{10}Z_{10}$ 表色系について規定している。XYZ 表色系は CIE が 1931 年に定めた 2° 視野の場合の表色系で，$X_{10}Y_{10}Z_{10}$ 表色系は CIE が 1964 年に定めた 10° 視野の場合の表色系である。XYZ 表色系は 1～4° の視野，$X_{10}Y_{10}Z_{10}$ 表色系は 4° を超える視野に対して用いられる。

5.6.14 JIS Z 8721：1993『色の表示方法―三属性による表示』[37]

マンセル表色系に基づいて，色相，明度，彩度の三属性を用いて色を表示する方法について規定している。色相は図 5.24 のように，色相の差が主観的に等歩度となるように分割する。

明度は理想的な黒を 0，理想的な白を 10 として，その間を等歩度となるように分割して数字を割り当てる。彩度も無彩色を 0 として，主観的に同じ間隔で，彩度の増加に従って数字が大きくなるようにする。有彩色は，色相明度／彩度で表記する。例えば，色相が 5R，

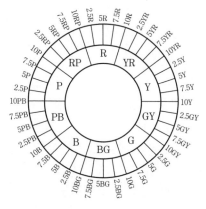

図 5.24 色相環

明度が5，彩度が18の場合は，5R 5/18と書き，5アール，5の18と読む。無彩色の場合は，明度を表す数字の前にNをつけ，N3のように表記する。

課　　題

（1）普段よく使用している機械，ソフトウェア，ホームページについて，アクセシビリティに問題がないか，どのように工夫されているかを確認してみよう。

（2）お気に入りのモノ，手放せないモノを思い出し，その理由を考えよう。

（3）JISやISOの規格の他に多くのガイドラインが公表されている。調べてみよう。

推　薦　図　書

- 黒須正明，暦本純一：改訂版 コンピュータと人間の接点，放送大学教育振興会（2018）
  放送大学の教科書である。前半は本書『ヒューマンインタフェース』と同じような事項について説明されている。合わせて読むことで，理解が深まる。
- D. サファー 著，武舎広幸，武舎るみ 訳：マイクロインタラクション―UI/UXデザインの神が宿る細部，オライリー・ジャパン（2014）
  マイクロインタラクションとは製品やソフトウェアが人間とやり取りする場合の最小単位のインタラクションのことである。ちょっとした違いがユーザビリティやユーザエクスペリエンスに大きな影響をもたらすことを，多くの事例を挙げて説明している。
- S. クルーグ 著，福田篤人 訳：超明快Webユーザビリティ―ユーザーに「考えさせない」デザインの法則，ビー・エヌ・エヌ新社（2016）
  ウェブコンテンツの作成方法に関する実践的な解説本であるが，基本的な考え方は他にも応用が効く。6章に関係する内容も含まれている。

6章
インタフェース開発の手法

　この章では，ヒューマンインタフェース開発で用いられている具体的な手法について学習する。基本となるのは5章で説明したユーザ中心設計，人間中心設計であり，6章はその各ステップにおいてよく使用される手法の紹介という位置づけとなる。ただし，いくつかのステップで共通に使用されている手法もあり，この章での項目分けとステップとの対応は緩く捉えるようにしてほしい。ユーザ調査は利用状況の把握と明確化において使用され，ユーザがどう感じているか，なにを求めているかを拾っていくものである。ここで失敗をしてユーザを見誤ると，取り返しがつかないことになる。このとき，ユーザが必ずしも自分が求めるものを明確に言語化できるとは限らないことに留意し，ユーザの心理を洞察する必要がある。次にコンセプト創出や要求事項の明確化に関連する手法について説明する。ユーザ調査でうまくユーザの希望を捉えられたとして，それをどのように実際の開発に落とし込むかは，開発の重要な要因である。次に紹介するプロトタイピングは，ユーザ調査やコンセプト創出，評価などの開発のさまざまな段階において使用されるものである。具体的なものを目にすることができるプロトタイプを作成することのメリットは非常に大きい。評価もまた重要な段階であるが，専門家による評価とユーザによる評価について説明する。最後に，人を使って研究や開発を行う場合に必要となる倫理的配慮について紹介する。

6.1 ユーザ調査

6.1.1 質問紙調査（アンケート調査）

　比較的簡単に実施できる**ユーザ調査**（user survey）として**質問紙調査**（questionnaire survey）がある。しかし，安易な実施はユーザの実態を掴むことができないばかりか，間違った結論を導くことにもなる。有用な質問紙調査を実施するにはいくつもの配慮すべき項目がある。一つは設問の作成に関するものである。なにについてどのように尋ねていくかについては質問紙調査の鍵となる部分であり，**図6.1**にあるような事項等を考慮して，慎重に検討する必要がある。

　質問紙では**図6.2**のような形式で回答してもらう方法がよく用いられるが，この方法は**リッカート法**（Likert scale method）と呼ばれている[1]。選択肢数が五つである5件法が基本とされるが，実際には3～7件法が使用されている。選択肢が少ない場合は粒度の粗い情報しか得ることができないが，素早く回答できるため，多くの質問項目を設けることができ

```
・回答者が理解できない，専門用語や難しい言葉を使っていないか。
・回答者が誤解するような表現，曖昧な表現はないか。
・二つの事柄を一度に聞いていないか（ダブルバーレル質問）。
・誘導質問になっていないか。
・社会的に望ましい回答をするなどのバイアスのかかった回答をする質問はないか。
・選びたいと思う選択肢がないという可能性はないか。
・質問の順番は適切か。
```

図 6.1　質問文作成の注意点

```
問　この製品を継続して使ってみたいと思いますか？
  1  そう思わない
  2  どちらかといえばそう思わない
  3  どちらともいえない
  4  どちらかといえばそう思う
  5  そう思う
```

図 6.2　リッカート法

る。逆に，選択肢が多いほど微妙な差異を拾うことができると期待できるが，回答者の選択に迷いが生じる，回答に時間がかかるなどの問題が生じる。また，回答者が両極端な選択肢を避ける傾向もあり，5件法，7件法で選択肢を用意していたにも関わらず，実質的にはほぼ3件法，5件法になっていたというようなこともある。

　リッカート法を用いた調査の結果を整理する場合に，回答番号を数値と置き換えて平均や標準偏差を求めることがよく行われているが，この処理には少し注意が必要である。計測データはその性質により，**表 6.1** の四つに分類される[2]。リッカート法の場合は選択肢間の心理的な差が等間隔であることが保証されていないため，その回答結果は順序尺度である。

表 6.1　尺度の4水準

種類	尺度	他の尺度との違い	可能な操作	可能な統計処理（より高いレベルの尺度はそれ以下のレベルの尺度の処理を含む）	例
量的データ	比率（比例）	データの間隔に意味があり，ゼロはなにもないことを意味する	比	幾何平均，パーセント変化，変動係数	長さ，質量，速度，身長，体重，年齢，反応時間，絶対温度，VAS
	間隔（距離）	データの間隔に意味があるが，ゼロはなにもないことを意味しない	加減乗除	平均，標準偏差，積率相関	摂氏温度，一対比較，系列範疇法，時刻
質的データ	順序（序数）	順序はあるが，データの間隔には意味はない	順序づけ	中央値，四分位数，順位相関	順位，格付／等級，学年，尺度評定，順序づけが可能な選択肢による回答
	名義（分類）	識別することができるが，順序性はない	分類	事例の数（度数），最頻値（モード），連関係数	性別，血液型，国籍，職業，順序づけができない選択肢による回答

よって，平均や標準偏差を求めることは本来は適用の誤りである．しかし，多くの調査において平均や標準偏差を算出しているのは，慣習的にリッカート尺度の場合は間隔尺度とみなすということを行っているためである．特に，いくつかの設問をグループに集約して扱うような場合は，経験的に間隔尺度とみなしても問題は少ないとされている．

ユーザ調査ではあまり実施されていないが，VAS（visual analog scale）と呼ばれる方法もある[3]．この方法は図 6.3 のようなスケールを見せ，回答者に心理的に適切と思える位置に縦線を入れてもらう方法である．どの位置に縦線を引いたかを計測して数値化を行う．VAS の結果は比率尺度となる．

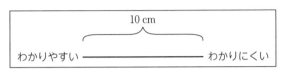

図 6.3　VAS

事物が与える印象，イメージについて調査する方法として，オズグッドが考案した SD 法（semantic differential scale method）[4] があり，官能評価，感性評価，商品開発，建築設計などの分野で広く用いられている．SD 法は，図 6.4 のように反対の意味を持つ言葉の対を多数用意し，それぞれについて評価対象が与える印象を 5 段階あるいは 7 段階で評価してもらう方法である．肯定的な言葉と否定的な言葉は両極にランダムに配置して，どちらかに偏らないようにする．結果の処理では，各形容詞対において平均値を求めて，それをプロットしてプロフィールを描き，評価対象がもたらす印象について推測する．さらに因子分析を行って評価を決めている要因を求めるが，オズグッドが試みたような言葉の意味の分析では，だいたい評価性因子（例：快-不快），活動性因子（例：派手-地味），力量性因子（例：強い-弱い）の 3 因子が抽出されることが多い．抽出された因子を軸として評価対象を空間の中に位置づけたものをイメージマップという．

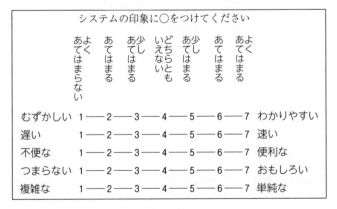

図 6.4　SD 法

質問紙調査では，設問ではカバーしきれない情報を拾うために自由記述欄を設けることが一般的である。しかしながら，自由記述は定量化が難しく，調査分析の担当者が主観で分類したり，特徴的な記述を抽出したりする程度で終わりがちである。最近では文章データの処理としてテキストマイニング技術が進展してきており，文章に表れる単語の出現頻度や使用方法の分析，類似した文章のグルーピングなどの分析を行うことができる。

6.1.2 インタビュー（面接法）

ユーザ調査ではユーザの考えを直接聞く**インタビュー**（interview）も多用される。質の高いインタビューを実施するためには，事前準備として，質問内容や時間配分などを記載したインタビューガイドを用意することが重要である。インタビューのおおよその流れは，**図6.5**のようになるが，インタビューには3タイプの形式がある。

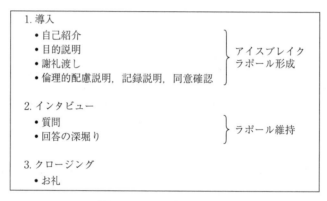

図6.5 インタビューの流れ

1) **構造化インタビュー**（structured interview）：あらかじめ決めておいた設問に順番に回答してもらう。

2) **半構造化インタビュー**（semi-structured interview）：設問はあらかじめ決めておくが順番や言い回しを変更したり，さらに追加質問を加えるなど，その場の流れに応じて柔軟に対処する。

3) **非構造化インタビュー**（unstructured interview）：あらかじめ設問を決めておかずに自由に聞き取りをする。

また，インタビューはインタビューを受ける人（話し手）の人数によりデプスインタビューとグループインタビューに分類することもできる。それぞれメリット，ディメリットがあるので，目的に応じて使い分ける必要がある。

デプスインタビュー（depth interview）は，聞き手と話し手が1対1で実施することが基本となり，1人の話し手の意見を深く聞き取っていく方法である。実際には補助者／記録係がインタビューに同席することもある。デプスインタビューは話し手が他人に気兼ねなく話せ，素直な意見，デリケートな問題に対する意見を聞き出しやすい。じっくりと話を聞くことができるが，個別の実施となるため，相応の時間やコストが必要となる。

グループインタビュー（group interview）は，6人程度の参加者が話し合いながら司会役であるモデレータのインタビューに答えていく形式のインタビューである。多くの意見を短時間で収集することができるという実用上のメリットがあるだけでなく，モデレータがある程度のコントロールは行うが，参加者が自由に話し合ってもらうことで話が盛り上がり，デプスインタビューでは出ないような興味深い意見が得られることもある。しかし，特定の有力な参加者の意見に議論が支配されたり，本音とは異なる意見が出たりなど，場の雰囲気に大きく左右される傾向がある。

インタビューでは，聞き手の経験や能力，話し手のパーソナリティやインタビューに対する関心度，聞き手と話し手の相性などさまざまな要因が結果に大きく影響する。インタビュー調査で重要なことの一つは雰囲気作りであり，まずは話し手との信頼関係（ラポール）の構築が鍵となる。話し手が聞き手に対して十分に心を開き安心して自由に話してくれる状態になってはじめて，話し手は自分の本音を語るようになる。インタビューは非常に個人的な意見を得る行為であるため，種々の倫理的配慮事項については事前にしっかりと伝えて了解を得ておく必要があるが，これにより話し手も聞き手を信頼することができるようになる（6.6節）。

話し手は普段，論理的に思考が整理された状態で生活しているわけではない。漠然となんとなく生活していることが大半で，調査対象に対して一つや二つくらいの意見は持っているかもしれないが，それを聞いて記録する程度ではインタビュー調査としては不十分である。さまざまな角度からの質問，共感的な聞く姿勢により，話し手自身も明確には意識していないような心の奥に潜んでいる気持ちを引き出すようにする。

インタビュー中には，話し手の話した内容だけに注目するのではなく，話し手の表情，仕草，沈黙などの言葉以外の情報にも重要なヒントが隠れているのでそれを読み取ることも重要である[5]。話し手が意図的に本音を話さない場合，意図してはいないが話し手自身が本音に気づいていない場合などもあり，回答の深掘りで本音を探っていくが，言葉以外の情報で回答内容の信憑性を裏づけることも必要となる。

6.1.3 観　察　法

観察法（observation）は，人々の様子を観察し，その分析を通して，なぜそのような行動を行うかを探る方法であり，ユーザ調査の基本の一つである。観察法は実施形態によりいくつかに分類することができる。観察環境をまったく統制しない**自然観察法**（natural observation）では，観察対象者の自然な振る舞いを観察することができる。しかし，自然観察法では観察の場で生じている現象についての相関データを得ることはできるが，観察された行動の原因の特定などは困難である。一方，任意に観察環境を統制する**実験観察法**（experimental observation）では，設定した環境の相違とそれによる行動の相違の分析から，環境要因と行動の因果関係を明らかにすることができる。観察環境を統制すればするほどより厳格な仮説検証が可能となるが，状況の不自然さが増して生態学的妥当性が低いものとなる危険性が高まる。

また，調査者が観察対象の場に参加し，その中の一人として活動しながら観察する**参与観察法**（participant observation）と，調査者は観察対象の場に参加せず，定点ビデオ記録等を用いるなどにより観察対象者に調査者を意識させない**非参与観察法**（non-participant observation）という区分もできる。さらに，参与観察法の場合は，現場密着型の聞き取りをするような場合もあれば，観察対象に観察されていることをできるだけ意識させない場合もあるなど，観察対象との関わり方は調査により異なる。

6.1.4 フィールド調査，エスノグラフィ調査

現場での調査を**フィールド調査**（field study）という。フィールド調査では，調査対象者の行動（無意識的行動を含む）ならびにその背景にある心理を明らかにするために，観察やインタビューなどの多様な手法が用いられる。

エスノグラフィ調査（ethnography research）は，民俗学，文化人類学，社会学などの調査で用いられるエスノグラフィ（民族誌）を使った調査であり，調査者が調査対象者と生活や行動を共にしながら，調査対象者の行動を詳細に調査するものである。体験を共有することにより，調査者は調査対象者の真の姿を調査対象者の視点で観察でき，問題点等に気づくことができる。エスノグラフィ調査は当初はマーケティングや商品開発などにおいて導入されたが，その後，1990年代頃からシステム開発分野においても徐々に採用されるようになった[6]。

元々のエスノグラフィ調査は数ヶ月〜数年という長期間にわたるような調査であるが，ビジネスで実施するには期間が長過ぎるため，簡略化した形式で実施される。これを本来のエスノグラフィと区別して，ラピッドエスノグラフィーと呼ぶこともある[7]。ラピッドエスノグラフィでは，チームで調査を行う，トライアンギュレーションでデータを収集する，参与

観察法を積極的に使うなどの工夫を行う[8]。チームで調査することで異なる視点で捉えることができ，また，メンバー間の議論を通して新しい考えに至ることが期待できる。トライアンギュレーションとは，三角測量から借用したネーミングで，複数の手段でデータを収集することである。

6.1.5 コンテクスチュアルインクワイアリ（文脈的調査）

コンテクスチュアルインクワイアリ（contextual inquiry）は，人間中心設計の一つであるコンテクスチュアル設計（5.4.1項）の最初のステップとして開発された調査手法であるが[9]，現在ではコンテクスチュアル設計とは関係なく，ユーザ調査法の一つとしてよく利用されている。

コンテクスチュアルインクワイアリのインタビュー形式は，師匠と弟子モデルとしてよく知られている[10]。弟子が師匠に教えを請うように，調査者（弟子）が調査対象者であるユーザ（師匠）に，なぜ，どうしてと行動の意味などを自由回答形式（オープンクエスチョン）で質問を重ねていく。

コンテクスチュアルインクワイアリには四つの原則がある[10]。

1) **コンテクスト（文脈）**：ユーザが普段生活している現場で，ユーザが実際にどのようにしているかを観察しながらインタビューする。
2) **パートナーシップ**：インタビューではユーザと調査者は師匠と弟子の役割を演じるが，両者は対等な協力者である。ユーザが実際になにをどう見ているのか，どう感じているのかを知るために可能な限り追体験させてもらう。
3) **解 釈**：調査者が理解したユーザの行為についての解釈をユーザに説明し，ユーザと一緒に必要に応じた修正をする。コンテクスチュアルインクワイアリでは調査者は単にデータを収集するだけでなく，積極的に質問し，解釈し，説明をする。
4) **フォーカス**：ユーザ（師匠）が教える側，調査者（弟子）は教わる側であるため，主導権はユーザが握っているように見える。しかし，調査者は調査目的に役立つように上手に話題の舵取りを行っていく。

6.2 コンセプト創出，要求事項

6.2.1 ブレインストーミング

コンセプトやアイデアを創出するには創造的思考（3.5.6項）が必要となる。**ブレインストーミング**（brainstorming）は，オズボーンが考案した，集団でアイデアを出し合うことにより，一人では思いつかない斬新なアイデアが生まれることを企図した方法である[11]。

ブレインストーミングでは，参加者個人内でアイデアを創造する（連想する）力が強く働くばかりではなく，提案されたアイデアは他の参加者の想像力を次々と刺激する。ブレインストーミングには四つの原則がある。

1) 判断や批判をしない。
2) なんでも気にせず自由に発言する。
3) できるだけ多くのアイデアを出す。
4) アイデアを組み合わせたりして発展させる。

オズボーンによると，ブレインストーミングに適している人数は5〜10名程度であるが，日本人の場合は8名程度までがよい。人数が少ないときは出てくるアイデアが少なくブレインストーミングする意味がなく，多い場合は傍観者となってしまう参加者が増える。

6.2.2 KJ法

ユーザ調査やブレインストーミングで収集した定性的データは集約する必要がある。**KJ法（KJ method）** は，そのようなときに利用でき，さらにさまざまなデータやアイデアを統合し，新しい発想を行うために文化人類学者の川喜田が，経験的に編み出した方法である[12]。KJ法には，関係者が集まって実施することで，関係者の合意形成を図ることもできるというメリットもある。

KJ法はカードを使って以下のステップに従って進めていくが，うまくいかないとき，新しいアイデアが生じたときなどは前のステップに戻って作業をやり直す。川喜田は図解化で終える方法をA型，図解化をせずに文章化をする方法をB型，図解化をして文章化をする方法をAB型，その逆をBA型と称しているが，BA型よりもAB型のほうが効率がよいという。最近ではカードではなく付箋（ポストイット[†]）を利用することが多い。

〔1〕 カード作成

アイデアや意見をカードに記入する。1枚のカードには一つのアイデアや意見のみを記入する。簡潔に書く必要があるが，抽象的になりすぎると後でなんのことかわからなくなるので，ある程度は具体的に書く。

〔2〕 グループ編成

カードを一覧し，内容が近いカードをまとめてカードの山を作っていく。グループにしたカードの山の一番上にグループの内容を示す言葉（表札）をつけ，小グループから中グループ，大グループへとグループ化を進める。どのグループにも入らないカードは無理に入れようとはせず，小から中，中から大へとグループ化を進める中で含めるようにする。

[†] 本書で使用している会社名，製品名は，一般に各社の商標または登録商標です。本書では®と™は明記していません。

〔3〕 空間配置

グループ化されたカードの山を模造紙などの上で空間的に配置する．内容的に近いカードの山を近くに配置するが，目的と手段，原因と結果などのストーリーを意識する．徐々にグループをほどき，カードを広げていく．

〔4〕 図解化

カードを配置した模造紙に線や円，矢印などを描いて，グループの関係性を図解する．

〔5〕 文章化

事実と意見を明確に分けながら，文章にしていく．このとき，事実の記述と解釈を明確に区別して書いていくことが大事である．

6.2.3 ペルソナ法，シナリオ法

ペルソナ法（personas method）は，ユーザ調査から得られた情報を元に作成した典型的なユーザ像を具体的に個人（ペルソナ）として設定する手法である[13]．ペルソナは実在の人物ではないが，勝手に都合よくイメージした人物でもない．ユーザ調査により判明した，ユーザの価値観や行動パターンを集約した仮想の人物である．ペルソナ法は，ソフトウェア開発法として考案されたゴールダイレクテッド設計（5.4.1 項）の一部であったが，現在ではさまざまな商品やサービスにおけるユーザエクスペリエンスを高める手法として広く活用されている．

多様なユーザを想定してしまうと，製品やサービスの焦点がぼやけてしまい，結果的に誰にも訴求力のないものとなってしまうおそれがある．ペルソナ法は一人（ないしはごく少数）のペルソナを設けることでそれを防ぐことができる[14]．また，どういった製品やサービスを開発すればよいかを考える際に，ユーザであるペルソナを思い浮かべることで，判断がブレずに迅速に意思決定ができるという利点もある．開発で発生する諸問題に関して，ペルソナがそれを望むかどうかという基準で判断することができる．さらに，社内外の関係者と議論をするときにペルソナを用いるとわかりやすく，しかもペルソナというユーザを中心に議論を進めることができる．

ペルソナの力を発揮させるためには，ペルソナにリアリティを持たせることが鍵となる．このため，ペルソナの名前，性別，年齢，顔写真，経歴や職業，家族状況や友人関係，ライフスタイル，性格などを具体的に人物を思い浮かべることができるほど詳細に明確に設定する必要がある．

シナリオ法（scenarios method）は，映画やドラマの脚本のように，ユーザがとりうる行動を記す方法である．物語として文章化して提示することにより，読み手は利用の様子が具体的に理解することができる[15),16)]．キャロルらのシナリオベース設計では，現在の問題に

ついて描写した課題シナリオ，問題が解決された様子を想像して記した活動シナリオ，ユーザが眼にする画面などを描いた情報シナリオ，ユーザとシステムの対話方法を記述した対話シナリオの四つのシナリオをこの順序で作成していく．

ペルソナ法とシナリオ法は相性がよく，ゴールダイレクテッド設計（5.4.1項）では，ペルソナに基づいて，コンテキストシナリオ，キーパスシナリオ，チェックシナリオの三つのシナリオを作成する[14),17)]．三つのシナリオの中ではコンテキストシナリオが中心となるシナリオである．コンテキストシナリオは要件確定の段階で使用するシナリオで，ペルソナが商品やサービスを利用している典型的な状況について記載したシナリオである．キーパスシナリオとチェックシナリオは設計を精緻化していく段階で使用するシナリオで，キーパスシナリオは主要な操作に関する具体的なインタラクションについてのシナリオ，チェックシナリオは比較的頻度が少ない操作や例外的な操作に関するテストのためのシナリオである．

6.3 プロトタイピング

6.3.1 プロトタイプ

開発予定の製品について言葉や文章でどういったものであるのかを伝えることは容易ではない．具体的に見ることができ触ることができる**プロトタイプ**（**prototype**）を作ることで，関係者は共通のイメージを持つことができ，詳細な検討を行うことができる．開発のどの段階で用いるのかによって，プロトタイプに求められる忠実度が異なる．初期の段階ではざっくりとしたイメージが伝わるレベルのスケッチやペーパープロトタイプで十分であり，開発が進めば進むほど忠実度の高いプロトタイプが必要となる．

ウェブサイトやアプリ開発の場合は，単にアイデアを描いたものをスケッチ，構成要素の配置を示したものをワイヤーフレーム，デザイン要素やコンテンツを載せたものをモックアップ，実際にいくつかの操作ができるようにしたものをプロトタイプと呼び分けることもある．最近では，多くのプロトタイピングツールが市販あるいは無料で利用することができるようになってきている．

6.3.2 ペーパープロトタイピング，ダーティプロトタイピング

ペーパープロトタイピング（**paper prototyping**）とは，開発の初期段階において，紙とペン，ポストイット等の身の回りにある文房具類を使って作成するプロトタイプである[18)]．簡単に素早く作成できるところに最大のメリットがある．ラフに作成して検討し，問題が見つかれば修正し，新しいアイデアを思いつけばすぐにそれを盛り込むことができる．

紙に限らず，身近にある日用品を組み合わせてプロトタイプを作る場合を**ダーティプロトタイピング**（dirty prototyping）という。小さな子供が自分で作る玩具のようなものであるが，開発チームで議論が進み，新しい発想が得られる。これらのプロトタイプは動かないので，機械の動作は人間が代理をする。この方法は"オズの魔法使い"と呼ばれる。

6.4 インスペクション法，エキスパートレビュー，チェックリスト

6.4.1 ヒューリスティック法

ユーザビリティに関する問題を発見するために，インタフェースの専門家が一定の方法で評価していく方法を総称して，**インスペクション法**（usability inspection method）という[19]。エキスパートレビューとも言われるが，製品に対してもプロトタイプに対しても実施でき，ユーザに実際に試用してもらうユーザテスト（6.5節）と比較して低コストで実施可能とされる。

代表的な方法としてはニールセンとモリックが開発した**ヒューリスティック法**（heuristic evaluation）がある。ヒューリスティック法は，デザイン原則（経験則，ヒューリスティック）に基づいてインタフェースに関する問題がないかを確認していく方法である[20]。ニールセンは，経験則として**ユーザビリティ 10 原則**（10 usability heuristics，図 6.6）を公表している[21]。厳密にはこの原則を用いたものがヒューリスティック法であるが，実際には評価対象に合わせて，他の経験則やチェックリスト（6.4.3項）を用いた場合もヒューリスティック法と呼ばれていることも多い。

```
1. システムの状態を視認できるようにする。
2. 実環境にあったシステムを構築する。
3. ユーザにコントロールの主導権と自由度を与える。
4. 一貫性と標準化を保持する。
5. エラーの発生を事前に防止する。
6. 見ればわかるデザインにする。
7. 柔軟性と効率性を持たせる。
8. 最小限で美しいデザインを施す。
9. ユーザのエラー認識，診断，回復をサポートする。
10. ヘルプとマニュアルを用意する。
```

図 6.6 ユーザビリティ 10 原則

ニールセンによると，n 人でヒューリスティック法を行ったとして，発見できる問題点は

$$N[\%] = 1 - (1-L)^n$$

で表される（**図 6.7**）。経験的に L は 31 であり，5 名で 85% となる。ニールセンは，仮に 15 名分の予算があったとすると，5 名のチェックを 3 回実施することを勧めている[22]。

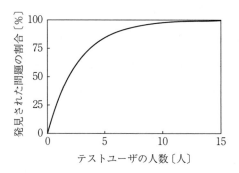

図6.7 インスペクション法によるテストユーザの数と発見された問題の割合

6.4.2 認知的ウォークスルー法

元々，ウォークスルーはソフトウェア開発におけるプログラムの机上チェックを意味しており，**認知的ウォークスルー法**（cognitive walkthrough）は，ユーザが機器やウェブコンテンツを利用する場面を専門家が想像しながらユーザビリティに関する問題がないかをチェックする方法である[23]。認知的ウォークスルー法は，行為の7段階モデル（3.7.2項）などを参考にして作成された探索学習の理論に基づいている[24]。

最初にユーザと課題を設定し，ユーザが課題解決に向けて行う操作を段階的に四つの視点から確認を行う。

〔1〕**目 標 設 定**

目標を決める（なにを目指せばいいのかがわかるか）。

〔2〕**探　　　索**

目標を達成するための方法を探す（目標達成の方法が適切に用意され，ユーザが気づきやすいあるいはユーザにわかりやすいようになっているか）。

〔3〕**選　　　択**

操作を選択し実行する（目標と操作の関連はわかりやすいようになっているか）。

〔4〕**評　　　価**

ユーザは選択の結果を評価する（意味のわかりやすいフィードバックが提供されているか）。

6.4.3 チェックリスト

ヒューマンインタフェースを評価するために数多くのチェックリストが開発されている。これらは評価として用いるだけでなく，設計の際の指針として利用されている。

SUSはソフトウェアのユーザビリティ評価のためにブルックが開発したチェックリスト

である[25]（図5.1, 5.1.1項）。各項目に対して，1（まったくそう思わない）から5（非常にそう思う）の5段階で評価をしていく。奇数番号はプラス評価，偶数番号はマイナス評価であるため，奇数番号は評価数字から1を減じた数，偶数番号は5からその評価数字を引いた数が各項目の得点（0～4点）となり，総得点に2.5倍した数字が評価点（0～100点）となる。

図6.8はソフトウェア設計のために開発され，**インタフェース設計の8つの黄金律**（the eight golden rules of interface design）としてよく知られているリストである[26],[27]。シュナイダーマンが1985年に発表した元々のリストからは少しずつ改変されている。

黒須らは，ヒューリスティック原則やチェックリスト項目の数を増やすとより多くの問題点が抽出できると期待できるが評価が難しくなるという問題点を解決するため，項目を構造化して実施する，構造化ヒューリスティック法を提案した（**表6.2**）[28]。また，山岡は**表6.3**のような70デザイン項目を開発した[29]。これらは，汎用性を考慮して作成されているため，実際の使用にあたっては，不要項目の削除，不足している項目の追加，重要項目の選定などを行う必要がある。

```
1) 一貫性を保つ。
2) あらゆる人にユーザビリティを提供する。
3) 有益なフィードバックを提供する。
4) 作業の完了がわかるダイアログにする。
5) エラーを防止する。
6) やり直しが簡単にできるようにする。
7) ユーザーが自分で制御できるようにする。
8) 短期記憶の負荷を減らす。
```

図6.8 インタフェース設計の8つの黄金律

表6.2 構造化ヒューリスティック法の項目

操作性
身体適合，視認性，可聴性，疲労軽減，携帯性，収納性，柔軟性，効率性，エラー対応
認知性
平易さ（知覚関連），平易さ（認知関連），平易さ（記憶関連），平易さ（エラー関連），一貫性，連想性，誘導性（ヘルプ関連），誘導性（ガイド関連），誘導性（ドキュメンテーション関連），習熟性
快適性
主体性，寛大性，美しさ，快適操作，安心感，動機づけ支援，親近性
初心者／熟練者
初心者一般，ハイテク弱者，利用開始直後のユーザ，低頻度利用ユーザ，熟練者一般，長期利用ユーザ，高頻度利用ユーザ，専任オペレータ
特別な配慮を必要とするユーザ
視覚障害，聴覚障害，身体障害，幼少児，シルバー世代，左利き，色盲

表 6.3 70 デザイン項目

ユーザインタフェースデザイン項目
寛容性・柔軟性，習熟度対応，ユーザの保護，ユニバーサルデザイン，異文化対応，楽しさ，達成感，ユーザの主体性の確保，信頼感，手がかり，簡潔性，検索容易性，一覧性，マッピング，識別性，一貫性，メンタルモデル，情報の多面的提供，適切な用語・メッセージ，記憶負担の軽減，身体の負担の低減，操作感，操作の効率，強調，アフォーダンス，メタファ，動作原理，フィードバック，ヘルプ
ユニバーサルデザイン項目
調節，冗長度，仕様・機能が見える，フィードバック，エラーに対する寛容さ，情報の入手，情報の理解・判断，操作，情報や操作の連続性
感性デザイン項目
デザインイメージ，色彩，フィット性，形態，機能性・利便性，雰囲気，新しい組合せ，質感，意外性
安全デザイン項目
危険な箇所の除去，フールプルーフデザイン，タンパープルーフデザイン，保護装置（危険隔離），インターロック機能を考えた設計，警告表示
エコロジーデザイン項目
耐久性，リサイクリング，材料の少量化，最適な材料，フレキシビリティ
ロバストデザイン項目
材料の変更，形状への配慮，構造の検討，応力に対する逃げ，ユーザの無意識な行動に対する対応
メンテナンスデザイン項目
近接性の確保，修復性の確保
その他（HMI デザイン項目）
身体的側面，頭脳的（情報的）側面，時間的側面，環境的側面，運用的側面

6.5 ユーザテスト

6.5.1 ユーザテストとは

ユーザテストとユーザビリティテストは同義として使われていることが多いが，ユーザ（あるいはユーザと想定される人々）にプロトタイプや実機などを使ってもらって反応を得るような場合を**ユーザテスト**（user test），インスペクション法なども含めてユーザビリティの問題を発見，検証する場合を**ユーザビリティテスト**（usability test）と呼ぶべきである。

6.5.2 思考発話法

思考発話法（think aloud）は，ユーザがどう感じているのか，なにを考えているのかを知るために，調査協力者にプロトタイプや実機を操作しながら感じていることや考えていることを逐一声に出してもらう方法である[30]。思考発話法はプロトコル解析とも呼ばれる手

表6.4 思考発話法

長所	短所
実施が容易である	分析に時間と手間がかかる
問題点の明確化に適している	選定したユーザの特性が結果に大きく影響する
ユーザの心理把握が可能である	手法に熟練が必要
評価対象を限定しない	主観が入りやすく，客観性が保てない
ノウハウの蓄積ができる	話すことで行動が変化する

法であるが，表6.4のような長所と短所がある。

操作を行っている者の生の声であるため，インタフェースに関する問題点を直接的に捉えることができると考えることができるが，うまく使いこなすにはコツがいる手法である。まず，協力者は話しながら操作をすることに慣れていないため，すぐに黙り込んでしまうことが多い。特に考えれば考えるほど話をしなくなり，本当に欲しい部分の思考過程の情報が得られなくなる。こういった場合は，師匠と弟子モデル（6.1.5項）を用いて質問に答える形式で進めたり，操作時には発話してもらわずに操作の様子をビデオ撮影し，後でビデオを再生して見てもらいながら回顧的に考えていたことを思い出して話してもらったりという形式が有効なこともある。

また，なにを考えているかを話しながら操作するときと黙って操作をするときとでは，違う思考回路が働く恐れがある。考えを話すという行為には，思考を整理し客観的にする効果がある。その結果，話しながら操作をすると，黙って操作をしていたときには思いつかなかったような発想が生じてしまう。

思考発話法で得られるデータは典型的な質的データ，定性的データであり，データを収集した後の解析には定まった方法がない。記録された発話を文章に起こした後，それをどのように分析するかは調査者の経験に任せられている。

6.5.3 パフォーマンス評価

ユーザが実際にどのように操作を行うかを定量的に把握するためには，実際にユーザのパフォーマンスを調べる必要がある。典型的には，作業課題をいくつか設定し，普段のつもりで作業をやってもらい，作業を完了できるか，どのくらい時間がかかるか，どういったところでどういう間違いを犯すかなどのデータを収集する。統計処理を考えると，20〜30名程度の参加者が必要であるが，実際的にはもう少し少ない参加者で実施することも多い。

パフォーマンス評価を実施する際に重要なことの一つは基準である。基準がなければ，得られたデータをどのように解釈してよいかがわからない。競合他社の類似製品と比較をした

り，現在の製品と開発中の製品を比較したりすることで，検討中のシステムの特徴，問題点がわかるようになる。もう一つ重要なことを挙げるならば，環境の統一である。例えば，二つの製品を比較するときに，それ以外の条件は揃えておく必要がある。パフォーマンスの違いが純粋に製品の違いだけに起因するようにしておかなければならない。

初心者ユーザと設計者（あるいは熟練ユーザ）の操作時間の比（NE比）はユーザと設計者の双方のメンタルモデルの違いを反映しているとされる[31]。ユーザが行う操作をステップに分け，ステップごとに初心者ユーザと設計者の操作時間を求めて比をとる。

NE比＝一般ユーザの操作時間／設計者の操作時間

設計者を基準と考えて，NE比が大きい操作ステップはユーザと設計者との間のメンタルモデルの違いが大きい箇所と判断でき，ユーザビリティ改善の候補箇所となる。

6.5.4 主観評価

満足度，わかりやすさ，美しさなどの主観的な印象は主観評価以外では計測が不可能である。主観評価は主としてインタビューや質問紙形式で実施されるが，独自の質問を作成して使用することも可能であるが，公表されているものを利用あるいは参考にすることもできる。代表的なものに，コンピュータシステム／ソフトウェアでは，すでに6.4.3項で紹介したSUSの他に，QUIS（questionnaire for user interface satisfaction）[32]，SUMI（software usability measurement inventory）[33]，ウェブサイトではWAMMI（website analysis and measurement inventory）[34]などがある。

6.5.5 生体計測

生体計測を実施し，生体情報を得ることは，客観的定量的データが取得できること，時系列に沿った連続データが得られること，生理的なメカニズムに基づいて解釈をすることができることなどのメリットがある。多様な指標が生体計測されるが，**表6.5**に挙げた指標は比

表6.5 生理指標

脳神経系	脳波
	事象関連電位
	脳血流
循環系	心電図
身体系	筋電図
代謝系	皮膚電気活動
眼球系	眼球運動
	瞬目
	瞳孔運動

較的よく用いられている。

　ソフトウェアやウェブサイトの画面設計や評価では，視線の動きを計測することがよく行われている。眼球運動計測（アイトラッキング）では，注視点の集中具合を色で可視化したヒートマップや注視点の移動パターンを解析することにより，調査協力者がどこをどのくらい見ていたのか，視点／注意をどこからどこへ移したのかといった情報を得ることができる[35]。しかし，見ていたということと，理解したかどうかや気づいたかどうかは異なるので，結果の解釈には注意が必要である。

6.6　倫理的配慮

6.6.1　背　　景

　ヒューマンインタフェースの研究，調査，開発など（以下，研究と称する）においては，さまざまな局面において人間に参加してもらうことが必要となる。人間を対象として研究などを行う場合は，研究の対象となる人（以下，協力者）の人権の保護や安全の確保は当然のこととして，種々の倫理的配慮を行わなければならない。

　人間を対象とした研究における倫理的配慮は，1947年のニュルンベルク綱領，1964年のヘルシンキ宣言に端を発する。ヘルシンキ宣言の正式名称は『人間を対象とする医学研究の倫理的原則』[36]といい，その後，幾度かの改訂を経て現在に至っている。ヘルシンキ宣言は医学研究を対象としているが，人間を研究対象として扱う医学以外の諸科学においても研究の際に参照し準ずべきものとされてきた。また，日本では『個人情報の保護に関する法律』（略称，個人情報保護法）が2003年に成立（2005年に全面施行）し，企業や団体などが個人情報を適切に扱う方法が規定された。ヒューマンインタフェースの研究においても，協力者の個人情報などを適切に管理することが必要となっている。

　現在では日本人間工学会，ヒューマンインタフェース学会などの学会においては学会独自に倫理指針[37]～[39]を定め，学会活動を行う会員に対して指針に沿った研究を行うことを求めている。また，大学や研究所，会社では組織に倫理委員会を設けるようになり，研究者が研究実施の前に研究計画について審査を受けることが一般的になってきている。

6.6.2　インフォームドコンセント

　研究を開始する前に，協力者に目的，方法，危険性，不利益，緊急事態に対する対応，情報の管理方法等について十分に説明を行い，同意書に同意の意を示すサインをしてもらう手続を**インフォームドコンセント**（informed consent）といい，必須の事項となっている。協力者には自分の意志で中断や拒否ができること，その場合であっても不利益を被らないこと

も説明しなければならない．研究内容によっては事前に協力者に研究内容を説明すると研究が成り立たなくなることがある．そのような場合は後で，なぜ事前に説明できなかったかを含めて補足説明をし，協力者の了解を得ることが必要である．

6.6.3 情報の管理と個人情報の保護

研究で得た情報は，厳重に管理を行い，不用意に他に漏らしたり，本来の目的以外に使用したりしてはならない．**個人情報**（personal information）とは，氏名，生年月日，個人を特定できる画像，他の情報と組み合わせると個人を特定できる情報をいうが，個人情報を含む資料は鍵のかかる保管庫で管理し，分析に使用する他の収集資料とは別にして取り扱うことが基本である．

報告書などでは，匿名化をするなどして個人が特定できるような形式では掲載をすることがないようにしなければならない．必要上，顔写真や顔を撮影した動画などを使用する場合があるが，その場合は本人の許可が必要である．そのような事態が想定される場合は，事前に同意を得ておくのが効率的である．研究データが不要となった場合には，適切な方法で廃棄をしなければならない．

課　　題

（1）興味を持った手法について，具体的なやり方を調べてみよう．
（2）身の回りのプロダクトやよく使っているホームページなどを，インスペクション法で分析してみよう．
（3）思考発話法を自分でやってみよう．

推　薦　図　書

- 黒須正明，高橋秀明 編著：ユーザ調査法，放送大学教育振興会（2016）
  放送大学の教科書であり，わかりやすい．本書『ヒューマンインタフェース』では紹介しきれなかった手法もいくつか紹介されている．また，本書でも紹介している手法でも，説明の切り口が異なっており，合わせて読むとよい．
- 樽本徹也：ユーザビリティエンジニアリング（第2版），オーム社（2014）
- 安藤昌也：UXデザインの教科書，丸善出版（2016）
  これら2書は，本書『ヒューマンインタフェース』の5章，6章の内容について，実務の方々にも使ってもらうことも想定して書かれており，実用的価値が高い．ぜひ参考にしてほしい．

引用・参考文献

〔URL は 2019 年 7 月現在（一部を除く）〕

【引用文献】
1 章
1) 上田義弘：フューチャーワークステーションのデザイン開発 — ヒューマンインタフェースの未来像，人間工学, **26**, 6, pp. 297-302（1990）
2) 佐伯 胖：機械と人間の情報処理 — 認知工学序説，意味と情報，東京大学出版会（1988）
3) Norman, D. A.：The psychology of everyday things, Basic Books（1988），（D. A. ノーマン 著，野島久雄 訳：誰のためのデザイン？，新曜社（1990））
4) 山岡俊樹，岡田 明：応用人間工学の視点に基づくユーザインタフェースデザインの実践，海文堂出版（1999）
5) Norman, D. A.：The design of every things, Revised and expanded edition, Basic Books（2013），（D. A. ノーマン 著，岡本 明，安村通晃，伊賀聡一郎，野島久雄 訳：誰のためのデザイン？増補・改訂版，新曜社（2015））
6) Norman, D. A.：Cognitive engineering, In D. A. Norman and S. W. Draper（Eds.）：User centered system design, Lawrence Erlbaum Associates（1986）

2 章
1) Fechner, G.：Elements of Psychophysics（Transl. by Adler, H. E.）, Holt, Reinhart and Winston（1966），（https://archive.org/details/elementederpsych001fech，オリジナルは 1860 年出版）
2) Boring, E. G., Langfeld, H. S. and Weld, H. P.（Eds.）：Foundations of psychology, John Wiley & Sons（1948）（https://archive.org/details/foundationsofpsy00bori）
3) Stevens, S. S.：On the psychophysical law, *Psychological Review*, **64**, 3, pp. 153-181（1957）
4) Stevens, S. S.：Psychophysics：Introduction to its perceptual, neural, and social prospects, Wiley（1975）
5) Newton, I.：Opticks（1704），（I. ニュートン 著，島尾永康 訳：光学（岩波文庫），岩波書店（1983））
6) JIS Z 8120：光学用語，日本規格協会（2001）
7) 矢口博久：視覚と色，テレビジョン学会誌, **47**, 1, pp. 68-76（1993）
8) Bowmaker, J. K. and Dartnall, H. J. A.：Visual pigments of rods and cones in a human retina, *Journal of Physiology*, **298**, pp. 501-511（1980）
9) Colour & Vision Research Laboratory, Institute of Ophthalmology, University College London（http://cvrl.ioo.ucl.ac.uk/index.htm）
10) JIS Z 8113：照明用語，日本規格協会（1998）
11) Rubin, E.：Figure and ground, In D. C. Beardslee and M. Wertheimer（Eds.）, Readings in perception, D. Van Nostrand Company（1958）（オリジナルは 1915 年出版）
12) W. メッツガー 著，盛永四郎 訳：視覚の法則，岩波書店（1968）（オリジナルは 1953 年出版）
13) Wertheimer, M.：Laws of organization in perceptual forms,（Transl. by Ellis, W. D.）In A source book of gestalt psychology. Kegan Paul, Trench, Trubner（1938）（オリジナルは 1923 年出版）
14) Kanizsa, G.：Organization in vision：Essay on gestalt perception, Praeger（1979）（G. カニッツァ 著，野口 薫 監訳：視覚の文法 — ゲシュタルト知覚論，サイエンス社（1985））

15) Wertheimer, M.：Experimental studies on the seeing of motion, In T. Shipley (Ed.)：Classics in psychology, Philosophical Library (1961) (オリジナルは1912年出版)
16) Wade, N. J. and Verstraten, F.：Introduction and historical overview, In G. Mather, F. Verstraten and S. Anstis (Eds.)：The motion aftereffect：A modern perspective, MIT Press (1998)
17) Duncker, M.：Induced motion (Transl. by Ellis, W. D.), In A source book of gestalt psychology, Kegan Paul, Trench, Trubner (1938) (オリジナルは1929年出版)
18) JIS Z 9103：図記号 — 安全色及び安全標識 — 安全色の色度座標の範囲及び測定方法, 日本規格協会 (2018)
19) JIS X 8341-3：高齢者・障害者等配慮設計指針 — 情報通信における機器, ソフトウエア及びサービス — 第3部：ウェブコンテンツ, 日本規格協会 (2016) (対応国際規格 ISO/IEC 40500：Information technology — W3C web content accessibility guidelines (WCAG) 2.0, International Organization for Standardization (2012))
20) Tinker, M. A.：Effect of stimulus-texture upon apparent warmth and affective value of colors, *The American Journal of Psychology*, **51**, 3, pp. 532-535 (1938)
21) 大山 正：色彩の心理的効果, 照明学会雑誌, **46**, 9, pp.452-458 (1962)
22) Birren, F.：Color & human appetite, *Food Technology*, **17**, pp. 553-555 (1963)
23) Monroe, M.：The apparent weight of color and correlated phenomena, *The American Journal of Psychology*, **36**, 2, pp. 192-206 (1925)
24) 色彩活用研究所サミュエル 監修：色の事典, 西東社 (2012)
25) 騒音調査小委員会：騒音の目安作成調査結果について, 全国環境研会誌, **34**, 4, pp. 254-261 (2009)
26) Stevens, S. S.：The measurement of loudness, *The Journal of Acoustical Society of America*, **27**, 5, pp. 815-829 (1955)
27) ISO 226：Acoustics — Normal equal-loudness-level contours, International Electrotechnical Commission (2003)
28) ISO 7029：Acoustics — Statistical distribution of hearing thresholds related to age and gender, International Electrotechnical Commission (2018)
29) Shepard, R. N.：Approximation to uniform gradients of generalization by monotone transformations of scale, In D. I. Mostofsky (Ed.)：Stimulus Generalization, Stanford University Press (1965)
30) JIS Z 8106：音響用語, 日本規格協会 (2000) (対応国際規格 IEC 60050-801：International Electrotechnical Vocabulary — Chapter 801：Acoustics and electroacoustics. International Electrotechnical Commission (1994))
31) 鈴木陽一, 赤木正人, 伊藤彰則, 佐藤 洋, 苣木禎史, 中村健太郎：音響学入門(音響入門シリーズ), コロナ社 (2011)
32) von Békésy, G.：The moon illusion and similar auditory phenomena, *The American Journal of Psychology*, **62**, 4, pp. 540-552 (1949)
33) Shepard, R. N.：Circularity in judgements on relative pitch, *The Journal of the Acoustical Society of America*, **36**, 12, pp. 2346-2353 (1964)
34) Jack, C. E. and Thurlow, W. R.：Effects of degree of visual association and angle of displacement on the "ventriloquism" effect, *Perceptual and Motor Skills*, **37**, 3, pp. 967-979 (1973)
35) McGurk, H. and MacDonald, J.：Hearing lips and seeing voices, *Nature*, **264**, 5588, pp. 746-748 (1976)
36) Botvinick, M. and Cohen, J.：Rubber hands 'feel' touch that eyes see, *Nature*, **391**, 6669, p. 756 (1998)

3 章

1) I. パブロフ 著, 川村 浩 訳:大脳半球の働きについて ― 条件反射学（上・下）（岩波文庫）, 岩波書店（1975）
2) Thorndike, E. L.: Animal intelligence: An experimental study of the associative processes in animals, *The Psychological Review: Monograph Supplements*, **2**, 4（1898）
 (https://archive.org/details/animalintelligen00thoruoft)
3) Skinner, B. F.: The behavior of organisms: An experimental analysis, Appleton-Century (1938)
4) Reynolds, G. S.: A primer of operant conditioning, Scott Foresman and Company (1975),（G.S. レイノルズ 著, 浅野俊夫 訳:オペラント心理学入門 ― 行動分析への道, サイエンス社（1978））
5) Fitts, P. M. and Posner, M. I.: Human performance, Brooks/Cole (1967),（P. M. フィッツ, M. I. ポスナー 著, 関 忠文, 野々村 新, 常盤 満 訳:作業と効率, 福村出版(1981)）
6) Adams, J. A.: A closed loop theory of motor learning, *Journal of Motor Behavior*, **3**, 2, pp. 111-149 (1971)
7) Schmidt, R. A.: A schema theory of discrete motor skill learning, *Psychological Review*, **82**, 4, pp. 225-260 (1975)
8) Rosenbaum, D.A.: Human motor control (2nd edition), Academic Press (2010),（D. A. ローゼンバウム 著, 関屋 昂 監訳:動作の仕組み ― からだを動かす原理の探求, 三輪書店（2012））
9) Schmidt, R. A. and Lee, T. D.: Motor learning and performance: From principles to application (5th edition), Human Kinetics (2013)
10) Huang, K. L. and Payne, R. B.: Individual and sex differences in reminiscence, *Memory and Cognition*, **3**, 3, pp. 252-256 (1975)
11) Bryan, W. L. and Harter, N.: Studies on the telegraphic language: The acquisition of a hierarchy of habits, *Psychological Review*, **6**, 4, pp. 345-375 (1899)
12) Hick, W. E.: On the rate of gain of information, *Quarterly Journal of Experimental Psychology*, **4**, 1, pp. 11-26 (1952)
13) Hyman, R.: Stimulus information as a determinant of reaction time, *Journal of Experimental Psychology*, **45**, 3, pp. 188-196 (1953)
14) Fitts, P. M.: The information capacity of the human motor system in controlling the amplitude of movement, *Journal of Experimental Psychology*, **47**, 6, pp. 381-391 (1954)
15) Fitts, P. M. and Peterson, J. R.: Information capacity of discrete motor responses, *Journal of Experimental Psychology*, **67**, 2, pp. 103-112 (1964)
16) Snoddy, G. S.: Learning and stability: A psychophysiological analysis of a case of motor learning with clinical applications, *Journal of Applied Psychology*, **10**, 1, pp. 1-36 (1926)
17) Ebbinghaus, H.: Memory: A contribution to experimental psychology, Dover (1885),（H. エビングハウス 著, 宇津木 保 訳, 望月 衛 閲:記憶について ― 実験心理学への貢献, 誠信書房（1978））
18) Bartlett, F. C.: Remembering: A study in experimental and social psychology, Cambridge University Press (1932),（F. C. バートレット 著, 宇津木 保, 辻 正三 訳:想起の心理学 ― 実験的社会的心理学における一研究, 誠信書房（1983））
19) Atkinson, R. C. and Shiffrin, R. M.: Human memory: A proposed system and its control processes, In K. W. Spence and J. T. Spence (Eds.), The psychology of Learning and Motivation, 2, pp. 89-195, Academic Press (1968)
20) Atkinson, R. C. and Shiffrin, R. M.: The control of short-term memory, *Scientific American*, **225**, 2, pp. 82-90 (1971)
21) Sperling, G.: The information available in brief visual presentations, *Psychological Monographs: General and Applied*, **74**, 11, pp. 1-29 (1960)

22) Miller, G. A.：The magical number seven, plus or minus two：Some limits on our capacity for processing information, *The psychological Review*, **63**, 2, pp. 81-97（1956）
23) Cowan, N.：The magical mystery four：How is working memory capacity limited, and why?, *Current Directions in Psychological Science*, **19**, 1, pp. 51-57（2010）
24) Squire, L. R.：Memory and brain, Oxford University Press（1987），（L. R. スクワイア 著，河内十郎 訳：記憶と脳 ― 心理学と神経科学の統合，医学書院（1989））
25) Craik, F. I. M. and Lockhart, R. S.：Levels of processing：A framework for memory research, *Journal of Verbal Learning and Verbal Behavior*, **11**, 6, pp. 671-684（1972）
26) Baddeley, A. D. and Hitch, G.：Working memory, *The Psychology of Learning and Motivation*, **8**, pp. 47-89（1974）
27) Baddeley, A. D.：Working memory, *Current Biology*, **20**, 4, pp. R136-R140（2010）
28) Daneman, M. and Carpenter, P. A.：Individual differences in working memory and reading, *Journal of Verbal Behavior*, **19**, 4, pp. 450-466（1980）
29) James, W.：The principles of psychology, Henry Holt and Company（1890）（https://archive.org/details/theprinciplesofp01jameuoft），（W. ジェームズ 著，今田 寛 訳：心理学（上・下）（岩波文庫），岩波書店（1992/1993））
30) Cherry, E. C.：Some experiments on the recognition of speech, with one and with two ears, *The Journal of the Acoustical Society of America*, **25**, 5, pp. 975-979（1953）
31) Broadbent, D. E.：Perception and communication, Pergamon Press（1958）
32) Treisman, A. M.：Contextual cues in selective listening, *Quarterly Journal of Experimental Psychology*, **12**, 4, pp. 242-248（1960）
33) Deutsch, J. A. and Deutsch, D.：Attention：Some theoretical considerations, *Psychological Review*, **70**, 1, pp. 80-90（1963）
34) Treisman, A. M.：Strategies and models of selective attention, *Psychological Review*, **76**, 3, pp. 282-299（1969）
35) Chabris, C. and Simons, D.：The invisible gorilla：And other ways our intuitions deceive us, Harmony（2010），（C. チャブリス，D. シモンズ 著，木村博江 訳：錯覚の科学（文春文庫），文藝春秋（2014））
36) Kahneman, D.：Attention and effort, Prentice Hall（1973）
37) Schneider, W. and Shiffrin, R. M.：Controlled and automatic human information processing：I. Detection, search, and attention, *Psychological Review*, **84**, 1, pp. 1-66（1977）
38) Wickens, C. D.：Processing resources in attention, In R. Parasuraman and R. Davies（Eds.）：Varieties of attention, Academic Press（1984）
39) Posner, M. I.：Orienting of attention, *The Quarterly Journal of Experimental Psychology*, **32**, 1, pp. 3-25（1980）
40) Treisman, A.：Preattentive processing in vision, *Computer Vision, Graphics, and Image Processing*, **31**, 2, pp. 156-177（1985）
41) Wolfe, J. M.：Approaches to visual search：Feature integration theory and guided search, In A. C. Nobre and S. Kastner（Eds.）：The oxford handbook of attention, Oxford University Press（2014）
42) Treisman, A. and Gormican, S.：Feature analysis in early vision：Evidence from search asymmetry, *Psychological Review*, **95**, 1, pp. 15-48（1988）
43) Posner, M. I., Snyder, C. R. and Davidson, B. J.：Attention and the detection of signals, *Journal of Experimental Psychology：General*, **109**, 2, pp.160-174（1980）
44) Eriksen, C. W. and St. James, J. D.：Visual attention within and around the field of focal attention：A zoom lens model, *Perception & Psychophysics*, **40**, 4, pp. 225-240（1986）
45) Stroop, J. R.：Studies of interference in serial verbal reactions, *Journal of Experimental Psychology*, **18**, 6, pp. 643-662（1935）

46) Simon, J. R. and Rundell, A. P.：Auditory S-R compatibility：The effect of an irrelevant cue on information processing, *Journal of Applied Psychology*, **51**, 3, pp. 300-304（1967）
47) Tversky, A. and Kahneman, D.：Judgement under uncertainty：Heuristics and biases, *Science*, **185**, 4157, pp. 1124-1131（1974）
48) Kahneman, D. and Tversky, A.：Subjective probability：A judgement of representativeness, *Cognitive Psychology*, **3**, 3, pp. 430-452（1972）
49) Tversky, A. and Kahneman, D.：Availability：A heuristic for judging frequency and probability, *Cognitive Psychology*, **5**, 2, pp. 207-232（1973）
50) Stanovich, K. E. and West, R. F.：Individual differences in reasoning：Implications for the rationality debate?, *Behavioral and Brain Sciences*, **23**, 5, pp. 645-665（2000）
51) Evans, J.：In two minds：Dual process accounts of reasoning, *Trends in Cognitive Sciences*, **7**, 10, pp. 454-459（2003）
52) Kahneman, D.：Thinking, fast and slow, Farrar, Straus and Giroux（2011），（D. カーネマン 著，村井章子 訳：ファスト＆スロー ーあなたの意思はどのように決まるか？（上・下）（ハヤカワ・ノンフィクション文庫），早川書房（2014））
53) Wason, P. C.：Reasoning, In B. M.Foss（Ed.）：New horizons in psychology, Harmondsworth, Middlesex, Penguin（1966）
54) Griggs, R. A. and Cox, J. R.：The elusive thematic-materials effect in Wason's selection task, *British Journal of Psychology*, **73**, 3, pp. 407-420（1982）
55) Cheng, P. W. and Holyoak, K. J.：Pragmatic reasoning schemas, *Cognitive Psychology*, **17**, 4, pp. 391-416（1985）
56) Johnson-Laird P. N.：Mental models：Towards a cognitive science of language, inference, and consciousness, Harvard University Press（1983），（P. N. ジョンソン＝レアード 著，海保博之 監修，AIUEO 訳：メンタルモデルー言語・推論・意識の認知科学，産業図書（1988））
57) Dreistadt, R.：An analysis of the use of analogies and metaphors in science, *The Journal of Psychology*, **68**, 1, pp. 97-116（1968）
58) 鈴木宏昭：類似と思考，共立出版（1996）
59) Gentner, D.：Structure-Mapping：A theoretical framework for analogy, *Cognitive Science*, **7**, 2, pp. 155-170（1983）
60) Holyoak, K. J. and Thagard, P.：Mental leaps：Analogy in creative thought, The MIT Press（1995），（K. J. ホリオーク，P. サガード 著，鈴木宏昭，河原哲雄 監訳：アナロジーの力ー認知科学の新しい探求，新曜社（1998））
61) Lakoff, G. and Johnson, M.：Metaphors we live by, University of Chicago Press（1980），（G. レイコフ，M. ジョンソン 著，渡部昇一，楠瀬淳三，下谷和幸 訳：レトリックと人生，大修館書店（1986））
62) Pierce C. S.：Pragmatism and abduction（1903）, In C. Hartshorne, and P. Weiss,（Eds.）：Pragmatism and pragmaticism：Scientific metaphysics, Collected papers of Charles Sanders Peirce, The Belknap Press of Harvard University Press（1960, c1934）（https://www.textlog.de/7664-2.html）
63) 米盛裕二：アブダクションー仮説と発見の論理，勁草書房（2007）
64) Wallas G.：The art of thought, Jonathan Cape（1926），（Wallas G.：The art of thought. The thinker's library, 136, Watts（1949））
65) Young, J. W.：A technique for producing ideas,（1939），（J. W. ヤング 著，今井茂雄 訳：アイデアのつくり方，阪急コミュニケーションズ（1988））
66) Osborn, A. F.：Applied imagination：Principles and procedures of creative writing, Kindle edition（2011）（初版は 1953 年出版），（A.F.オズボーン 著，上野一郎 訳：独創力を伸ばせ，ダイヤモンド社（1982））
67) Csikszentmihalyi, M.：Creativity：Flow and the psychology of discovery and invention,

HarperCollins（1996），（M. チクセントミハイ 著，浅川希洋志 監訳：クリエイティヴィティ―フロー体験と創造性の心理学，世界思想社（2016））

68) Guilford, J.：Personality, McGrow-Hill（1959）
69) Amabile, T. M.：The social psychology of creativity, Springer-Verlag（1983）
70) Csikszentmihalyi, M.：Flow：The psychology of optimal experience, Harper & Row（1990）（M. チクセントミハイ 著，今村浩明 訳：フロー体験―喜びの現象学，世界思想社（1996））
71) Swain, A. D. and Guttman, H. E.：Handbook of human reliability with emphasis on nuclear power plants applications, Sandia National Labs/ NUREG CR-1278. USA, Washington, DC：NUREG（1983）
72) Norman, D. A.：Categorization of action slips, *Psychological Review*, **88**, 1, pp. 1-15（1981）
73) Norman, D. A.：The psychology of everyday things, Basic Books（1988），（D. A. ノーマン 著，野島久雄 訳：誰のためのデザイン？，新曜社（1990））
74) Yerkes, R. M. and Dodson, J. D.：The relation of strength of stimulus to rapidity of habit-formation, *Journal of Comparative Neurology and Psychology*, **18**, 5, pp. 459-482（1908）
75) Woodworth, R. S.：The accuracy of voluntary movement, *Psychological Review. Monograph Supplements*, **3**, 3（1899）
76) Hawkins, F. H.：Human factors in flight, Ashgate Publishing（1987），（F. H. ホーキンズ 著，黒田 勲 監修：ヒューマン・ファクター―航空の分野を中心として，成山堂書店（1992））
77) Reason, J.：Human error, Cambridge University Press（1990），（J. リーズン 著，十亀 洋 訳：ヒューマンエラー，海文堂出版（2014））
78) Miller, G. A., Galanter, E. and Pribram, K. A.：Plans and the structure of behavior, Holt, Rhinehart, & Winston（1960），（G. A. ミラー，E. ギャランター，K. A. プリブラム 著，十島雍蔵，佐久間 章，黒田輝彦，江頭辛晴 訳：プランと行動の構造―心理サイバネティクス序説，誠信書房（1980））
79) Winer, N.：Cybernetics：Or control and communication in the animal and the machine（2nd edition）, MIT Press（1961）（オリジナルは1949年出版），（N. ウィーナー 著，池原止戈夫，彌永昌吉，室賀三郎，戸田 巌 訳：サイバネティックス―動物と機械における制御と通信（岩波文庫），岩波書店（2011））
80) Rasmussen, J.：Information processing and human-machine interaction：An approach to cognitive engineering, Elsevier Science Publishing（1986），（J. ラスムッセン 著，海保博之，加藤 隆，赤井真喜，田辺文也 訳：インタフェースの認知工学―人と機械の知的かかわりの科学，啓学出版（1990））
81) Card, S. K., Newell, A. and Moran, T. P.：The psychology of human-computer interaction, L. Erlbaum Associates（1986）

4 章

1) Murray, H. A.：Explorations in personality：A clinical and experimental study of fifty men of college age, Oxford University Press（1938），（H. A. マァレー 編，外林大作 訳編：パーソナリティ，誠信書房（1961/1962））
2) Maslow, A. H.：A theory of human motivation, *Psychological Review*, **50**, 4, pp. 370-396（1943）（https://psychclassics.yorku.ca/Maslow/motivation.htm）
3) Maslow, A. H：Motivation and personality（2nd edition）, Harper & Row（1970），（A. H. マズロー 著，小口忠彦 訳：改訂新版 人間性の心理学―モチベーションとパーソナリティ，産業能率大学出版部（1987））（初版は1954年）
4) McGregor, D.：The human side of enterprise, McGraw-Hill（1960），（D. マグレガー 著，高橋達男 訳：新版・企業の人間的側面―統合と自己統制による経営，産業能率短期大学出版部（1970））
5) Harlow, H. F., Harlow, M. K. and Meyer, D. R.：Learning motivated by a manipulation drive,

Journal of Experimental Psychology, **40**, 2, pp. 228-234 (1950)

6) Deci, E. L.：Effects of externally mediated rewards on intrinsic motivation, *Journal of Personality and Social Psychology*, **18**, 1, pp. 105-115 (1971)
7) Deci, E. L. and Flaste, R.：Why we do what we do, G. P. Putnam's Sons (1995),（E. L. デシ，R. フラスト 著，櫻井茂男 監訳：人を伸ばす力 — 内発と自律のすすめ，新曜社 (1999)）
8) Bandura, A.：Self-efficacy：Toward a unifying theory of behavioral change, *Psychological Review*, **84**, 2, pp. 191-215 (1977)
9) James, W.：What is an emotion?, *Mind*, **9**, 34, pp. 188-205 (1884)
10) Lange, C. G.：The emotions：A psychophysiological study (1922)（Transl. by Haupt, I. A.）In C. G. Lange, and, W. James：The emotions, pp. 33-99, Williams and Wilkins (1922)（オリジナルは 1885 年出版）
11) Tomkins, S. S.：Affect, imagery, and consciousness, Vol. 1, The positive affects, Springer (1962)
12) Damasio, A. R.：Descartes' error：Emotion, reason, and the human brain, Avon Books (1994)（A. R. ダマシオ 著，田中三彦 訳：デカルトの誤り — 情報，理性，人間の脳（ちくま学芸文庫），筑摩書房 (2010)）
13) Cannon, W. B.：The James-Lange theory of emotions：A critical examination and an alternative theory, *The American Journal of Psychology*, **39**, 1, pp. 106-124 (1927)
14) Bard, P.：A diencephalic mechanism for the expression of rage with special reference to the sympathetic nervous system, *American Journal of Physiology*, **84**, 3, pp. 490-515 (1928)
15) Arnold, M. B.：Emotion and personality, Columbia University Press (1960)（https://archive.org/details/emotionpersonali01arno）
16) Schachter, S. and Singer, J.：Cognitive, social, and physiological determinants of emotional state, *Psychological Review*, **69**, 5, pp. 379-399 (1962)
17) ヴント 著，大山 正 監修：ヴント氏心理学概論　元良勇次郎著作集第 8 巻，クレス出版 (2015)（オリジナルは 1896 年出版）
18) Schlosberg, H.：Three dimensions of emotion, *The Psychological Review*, **61**, 2, pp. 81-88 (1954)
19) Russell, J. A.：A circumplex model of affect, *Journal of Personality and Social Psychology*, **39**, 6, pp. 1161-1178 (1980)
20) Barrett, L. F. and Russell, J. A.：Independence and bipolarity in the structure of current affect, *Journal of Personality and Social Psychology*, **74**, 4, pp. 967-984 (1988)
21) Yik, M., Russell, J.A. and Steiger, J. H.：A 12-point circumplex structure of core affect, *Emotion*, **11**, 4, pp. 705-731 (2011)
22) Watson, D. and Tellegen, A.：Toward a consensual structure of mood, *Psychological Bulletin*, **98**, 2, pp. 219-235 (1985)
23) Fredrickson, B. L.：Positivity, Three Rivers Press (2009),（B. L. フレドリクソン 著，植木理恵 監修，高橋由紀子 訳：ポジティブな人だけがうまくいく 3：1 の法則，日本実業出版社 (2010)）
24) Descartes, R.：Les passions de l'ame (1649),（R. デカルト 著，谷川多佳子 訳：情念論（岩波文庫），岩波書店 (2008)）
25) Darwin, C.：Facial expression of emotion in man and animals, John Murray (1872),（C. ダーウィン 著，浜中浜太郎 訳：人及び動物の表情について（岩波文庫），岩波書店 (1991)）
26) Izard, C. E.：Human emotions, Plenum Press (1971)
27) Ekman, P. and Friesen, W. V.：Unmasking the face, Englewood Cliffs (1975),（P. エクマン，W. V. フリーセン 著，工藤 力 訳編：表情分析入門 — 表情に隠された意味をさぐる，誠信書房 (1987)）
28) Plutchik, R.：A general psychoevolutionary theory of emotion, In R. Plutchik, and H. Kellerman, (Eds.)：Theories of emotion, Academic Press (1980)

29) Oatley, K. and Johnson-Laird, P. N.：Towards a cognitive theory of emotions, *Cognition & Emotion*, **1**, 1, pp. 29-50（1987）
30) MacLean, P. D.：The triune brain in evolution：Role in paleocerebral functions, Plenum Press（1990），(P. D. マクリーン 著，法橋 登 訳：三つの脳の進化 — 反射脳・情動脳・理性脳と「人間らしさ」の起源 工作舎（1994））
31) Izard, C. E.：The psychology of emotions, Plenum Press（1991），(C. E. イザード 著，荘厳舜哉 監訳，比較発達研究会 訳：感情心理学（比較発達研究シリーズ），ナカニシヤ出版（1996））
32) Plutchik, R.：The nature of emotions, *American Scientist*, **89**. 4, pp. 344-350（2001）
33) Ekman, P. and Friesen, W. V.：Constants across cultures in the face and emotion, *Journal of Personality and Social Psychology*, **17**, 2, pp. 124-129（1971）
34) Ekman, P. and Friesen, W. V.：Facial Action Coding System：Investigator's guide, Consulting Psychologists Press（1978）

5 章

1) Brooke, J.：SUS — A quick and dirty usability scale, In P. W. Jordon, B. Thomas, I. L. McClelland, and B. Weerdmeester (Eds.)：Usability evaluation in industry, pp. 189-194, Taylor & Francis（1996）
2) Sauro, J.：Measuring usability with the System Usability Scale (SUS), (https://measuringu.com/sus/)
3) Shackel, B.：Usability：Context, framework, definition, design and evaluation, In B. Shackel and S. J. Richardson (Eds.)：Human factors for informatics usability, Cambridge University Press（1991）
4) Nielsen, J.：Usability engineering, Academic Press（1993），(J. ニールセン 著，篠原稔和 監訳：ユーザビリティエンジニアリング原論 — ユーザのためのインタフェースデザイン 第 2 版，東京電機大学出版局（2002））
5) JIS Z 8521：人間工学 — 視覚表示装置を用いるオフィス作業 — 使用性についての手引き，日本規格協会（1999），(対応国際規格 ISO 9241-11, Ergonomic requirements for office work with visual display terminals (VDTs) — Part 11：Guidance on usability, International Organization for Standardization（1998））
6) ISO 9241-11, Ergonomics of human-system interaction — Part 11：Usability：Definitions and concepts, International Organization for Standardization（2018），(英和対訳版 人とシステムのインタラクションの人間工学 — 第 11 部：ユーザビリティ：定義及び概念，日本規格協会（2018））
7) ISO 9241-210：Ergonomics of human-system interaction — Part 210：Human-centred design for interactive systems, International Organization for Standardization（2019）
8) JIS X 25010：システム及びソフトウェア製品の品質要求及び評価（SQuaRE）- システム及びソフトウェア品質モデル，日本規格協会（2013），(対応国際規格 ISO/IEC 250101, Systems and software engineering — Systems and software Quality Requirements and Evaluation (SQuaRE) — System and software quality models, International Organization for Standardization（2011））
9) JIS Z 8071：規格におけるアクセシビリティ配慮のための指針，日本規格協会（2017），(対応国際規格 ISO 26800, Ergonomics — General approach, principles and concepts, International Organization for Standardization（2011））
10) 情報通信アクセス協議会：高齢者・障害者等に配慮した電気通信アクセシビリティガイドライン（第 2 版），情報通信アクセス協議会（2004）
11) JIS X 8341-3：高齢者・障害者等配慮設計指針 — 情報通信における機器，ソフトウェア及びサービス — 第 3 部：ウェブコンテンツ，日本規格協会（2016），(対応国際規格 ISO/IEC 40500：Information technology — W3C Web Content Accessibility Guidelines (WCAG) 2.0,

International Organization for Standardization (2012))
12) 総務省：みんなの公共サイト運用ガイドライン（2016年版）
(http://www.soumu.go.jp/main_content/000439213.pdf)
13) Merholz, P. and Norman, D. A.：Peter in conversation with Don Norman about UX & innovation（2007）（http://adaptivepath.org/ideas/e000862/）（2018年8月1日現在）
14) Norman, D. A., Miller, J. and Henderson, A.：What you see, some of what's in the future, and how we go about doing it：HI at Apple Computer, *Proceedings of CHI '95 Conference Companion on Human Factors in Computing Systems*, p. 155（1995）
15) Merholz, P., Schauer, B., Verba, D. and Wilkens, T.：Subject to change：Creating great products & services for an uncertain world：Adaptive path on design, O'Reilley Media（2008），(P. マーホールズ，B. シャウアー，D. ヴァーバ，T. ウィルキンズ 著，高橋信夫 訳：Subject to change――予測不可能な世界で最高の製品とサービスを作る，オライリー・ジャパン（2008））
16) Garrett, J. J.：The elements of user experience：User-centered design for the web, Pearson Education（2003），（J. J. ガレット 著，ソシオメディア株式会社 訳：ウェブ戦略としての「ユーザーエクスペリエンス」──5つの段階で考えるユーザー中心デザイン，毎日コミュニケーションズ（2005））
17) Garrett, J. J.：The elements of user experience：User-centered design for the web and beyond（2nd edition）, New Riders Press（2011）
18) Morvill, P.：User experience design（2004）
(https://semanticstudios.com/wp-content/uploads/2004/06/honeycomb.jpg)
19) Hassenzahl, M.：The thing and I：Understanding the relationship between user and product, In M. A. Blythe, K. Overbeeke, A. F. Monk and P. C. Wright (Eds.)：Funology：From usability to enjoyment, Springer Science + Business Media（2005）
20) 黒須正明：ものづくり1──インタフェースデザイン，（黒須正明，暦本純一：改訂版 コンピュータと人間の接点），放送大学教育振興会（2018）
21) Roto, V., Law, E., Vermeeren, A. and Hoonhout, J.：User experience white paper：Bringing clarity to the concept of user experience（2011），(http://www.allaboutux.org/files/UX-WhitePaper.pdf)，（V. ロト，E. ロー，A. フェルメーレン，J. ホーンハウト 著，hcdvalue 訳：ユーザエクスペリエンス（UX）白書──ユーザエクスペリエンスの概念を明確にする（2013）（http://site.hcdvalue.org/docs））
22) Kurosu, M.：Nigel Bevan and concepts of usability, UX, and satisfaction, *Journal of Usability Studies*, **14**, 3, pp. 156-163（2019）
23) Norman, D. A. and Draper, S. W.：User centered system design：New perspectives on Human-Computer Interaction, Lawrence Erlbaum Associated Publishers（1986）
24) Shackel, B. and Richardson, S.：Human factors for informatics usability, Cambridge University Press（1991）
25) Gould, J. D. and Lewis, C.：Designing for usability：Key principles and what designers think, *Communications of the ACM*, **28**, 3, pp. 300-311（1985）
26) Beyer, K. and Holtzblatt, K.：Contextual design：Defining customer-centered systems, Morgan Kaufmann（1997）
27) Beyer, K. and Holtzblatt, K.：Contextual design（2nd edition）：Design for life, Morgan Kaufmann（2014）
28) Cooper, A., Reimann, R. and Cronin, D.：About Face 3：The essentials of interaction design, Wiley Publishing（2007），（A. Cooper, R. Reimann, D. Cronin 著，長尾高弘 訳：About Face 3──インタラクションデザインの極意，アスキー・メディアワークス（2008））
29) Kelley, T. and Kelley, D.：Creative confidence：Unleashing the creative potential within us all, Currency（2013），（T. ケリー，D. ケリー 著，千葉敏生 訳：クリエイティブ・マインドセッ

ト ― 想像力・好奇心・勇気が目覚める驚異の思考法，日経 BP 社（2014））

30) Brown, D.：Change by design：How design thinking transforms organizations and inspires innovation, Harper Business（2009），（T. ブラウン 著，千葉敏生 訳：デザイン思考が世界を変える ― イノベーションを導く新しい考え方（ハヤカワ文庫），早川書房（2014））

31) JIS Z 8530：人間工学 ― インタラクティブシステムの人間中心設計プロセス，日本規格協会（2000），（対応国際規格 ISO 13407, Human-centred design processes for interactive systems, International Organization for Standardization（1999））

32) ISO 9241-210：Ergonomics of human-system interaction ― Part 210：Human-centred design for interactive systems, International Organization for Standardization（2010）

33) JIS Z 8520：人間工学 ― 人とシステムとのインタラクション ― 対話の原則，日本規格協会（2008），（対応国際規格 ISO 9241-110, Ergonomics of human-system interaction ― Part 110：Dialogue principles, International Organization for Standardization（2006））

34) JIS Z 8102：物体色の色名，日本規格協会（2001）

35) JIS Z 8110：色の表示方法 ― 光源色の色名，日本規格協会（1995）

36) Munsell, A. H.：A color notation, Geo H. Ellis（1905），（初版 https://archive.org/details/acolornotation00munsgoog），（改訂版 https://archive.org/details/colornotation00muns），（A. H. マンセル 著，日高杏子 訳：色彩の表記，みすず書房（2009））

37) JIS Z 8721：色の表示方法 ― 三属性による表示，日本規格協会（1993）

38) 川崎秀昭：カラーコーディネーターのための配色入門，日本色研事業株式会社（2008）

39) JIS Z 8701：色の表示方法 ― XYZ 表色系及び $X_{10}Y_{10}Z_{10}$ 表色系，日本規格協会（1999）

40) Ostwald, W.：The color primer（Transl. by Birren, F.）, Van Nostrand Reinhold（1969）（オリジナルは 1916/17 年出版）

41) 日本色彩学会 ISO TC/187 色表示国内委員会：NCS（Natural Color System）に関するスウェーデン規格：SWEDISH STANDARD SS01 91 00E 邦訳の試み，日本色彩学会誌，**17**, 3, pp. 209-217（1993）

42) Chevreul, M. E.：De la loi du contraste simultané des couleurs et de l'assortiment des objets colorés（1839），（M. E. シュブルール 著，佐藤邦夫 訳：シュブルール色彩の調和と配色のすべて，青娥書房（2009））

43) Moon, P. and Spencer, D. E.：A metric based on the composite color stimulus, *Journal of Optical Society of America*, **33**, 5, pp. 270-277（1943）

44) Moon, P. and Spencer, D. E.：Geometric formulation of classical color harmony, *Journal of Optical Society of America*, **34**, 1, pp. 46-59（1944）

45) Moon, P. and Spencer, D. E.：Aesthetic measure applied to color harmony, *Journal of Optical Society of America*, **34**, 4, pp. 234-242（1944）

46) 近江源太郎："よい色"の科学―なぜ，その色に決めたのか，日本規格協会（2009）

47) Itten, Y.：Kunst der Farbe, Ravensburger Buchverlag Otto Maier（1961），（Y. イッテン 著，大智 浩 訳：色彩論，美術出版社（1971））

48) Judd, D. B.：Classical laws of color harmony expressed in terms of the color solid, *ISCC News letter*, **119**, pp. 13-18（1955），（D. B. ジャッド，G. ヴィスツェッキー 著，本明 寛 監訳：産業とビジネスのための応用色彩学，ダイヤモンド社（1964）に翻訳あり）

49) JIS C 0447：マンマシンインタフェース（MMI）― 操作の基準，日本規格協会（1997），（対応国際規格 IEC 60447, Man-machine-interface（MMI）― Actuating principles, International Electrotechnical Commission（1993））

50) JIS Z 8907：空間的方向性及び運動方向 ― 人間工学的要求事項，日本規格協会（2012），（対応国際規格 ISO 1503, Spatial orientation and direction of movement ― Ergonomic requirements, International Organization for Standardization（2008））

51) JIS S 0013：高齢者・障害者配慮設計指針 ― 消費生活製品の報知音，日本規格協会（2011）

52) 一般財団法人 家電製品協会 ユニバーサルデザイン技術委員会：家電製品における操作性向上

のための報知音に関するガイドライン（第2版），一般財団法人 家電製品協会（2018）
53) JIS S 0033：高齢者・障害者配慮設計指針 — 視覚表示物 — 年齢を考慮した基本色領域に基づく色の組合せ方法，日本規格協会（2006）
54) JIS Z 8105：色に関する用語，日本規格協会（2000）

6 章

1) Likert, R.：A technique for measurement of attitudes, *Archives of Psychology*, **22**, 140, pp. 5-55（1932）
2) Stevens, S. S.：On the theory of scales of measurement, *Science*, **103**, 2684, pp. 677-680（1946）
3) Hayes, M. H. and Patterson, D. G.：Experimental development of the graphic rating method, *Psychological Bulletin*, **18**, pp. 98-99（1921）
4) Osgood, C. E., Suci, G. J. and Tannenbaum, P. H.：The measurement of meaning, University of Illinois Press（1957）
5) 上野啓子：マーケティング・インタビュー — 問題解決のヒントを「聞き出す」技術，東洋経済新報社（2004）
6) Hughes, J., King, V., Rodden, T. and Anderson, H.：The role of ethnography in interactive systems design, *Interactions*, **2**, 2, pp. 56-65（1995）
7) Norman, D. A.：The invisible computer, MIT Press（1998），（D. A. ノーマン 著，岡本 明，安村通晃，伊賀聡一郎訳：インビジブルコンピュータ — PCから情報アプライアンスへ，新曜社（2009））
8) Millen, D. R.：Rapid ethnography：Time deepening strategies for HCI field research, *Proceedings of the 3rd Conference on Designing Interactive Systems*, pp. 280-286（2000）
9) Wixon, D. Holtzblatt, K. and Knox, S.：Contextual design：An emergent view of system design, *CHI'90 Proceedings of the SIGCHI Conference on Human Factors in Computing Systems*, pp. 329-336（1990）
10) Holtzblatt, K. and Beyer, H.：Contextual design：Design for life（2nd edition），Morgan Kaufmann（2016）（初版は1997年出版）
11) Osborn, A. F.：Applied imagination：Principles and procedures of creative writing, Kindle edition（2011）（初版は1953年出版），（A. F. オズボーン 著，上野一郎 訳：独創力を伸ばせ，ダイヤモンド社（1982））
12) 川喜田二郎：発想法 — 創造性開発のために（改版）（中公新書），中央公論新社（2017）（初版は1967年出版）
13) Cooper, A.：The inmates are running the Asylum：Why high-tech products drive us crazy and how to restore the sanity（2nd edition），Sams Publishing（2004）（初版は1999年出版），（A. クーパー 著，山形浩生訳：コンピュータは，むずかしすぎて使えない！，翔泳社（2000））
14) Cooper, A., Reimann, R. and Cronin, D.：About Face 3：The essentials of interaction design, Wiley Publishing（2007），（A. Cooper, R. Reimann, D. Cronin 著，長尾高弘 訳：About Face 3 — インタラクションデザインの極意，アスキー・メディアワークス（2008））
15) Carroll, J. M.：Making use：Scenario-based design of human-computer interactions, The MIT Press（2000），（J. M. キャロル 著，郷 健太郎 訳：シナリオに基づく設計 — ソフトウェア開発プロジェクト成功の秘訣，共立出版（2003））
16) Rosson, M. B. and Carroll, J. M.：Usability engineering：Scenario-based development of human-computer interaction, Morgan Kaufmann Publishers（2002）
17) 棚橋弘季：デザイン思考の仕事術 − ひらめきを計画的に生み出す，日本実業出版社（2009）
18) Snyder, C.：Paper prototyping, Elsevier（2003），（C. Snyder 著，黒須正明 監訳：ペーパープロトタイピング — 最適なユーザインタフェースを効率よくデザインする，オーム社（2004））
19) Nielsen, J.：Usability inspection methods, *CHI'94 Proceedings of the SIGCHI Conference on*

Human Factors in Computing Systems, pp. 413-414（1994）

20) Nielsen, J. and Molich, R.：Heuristic evaluation of user interfaces, *CHI'90 Proceedings of the SIGCHI Conference on Human Factors in Computing Systems*, pp. 249-256（1990）
21) Nielsen, J.：10 usability heuristics for user interface design, Nielsen Norman Group（1995）（https://www.nngroup.com/articles/ten-usability-heuristics/）
22) Nielsen, J.：Why you only need to test with 5 users, Nielsen Norman Group（2000）（https://www.nngroup.com/articles/why-you-only-need-to-test-with-5-users/）
23) Polson, P. G., Lewis, C., Rieman, J. and Wharton, C.：Cognitive walkthroughs：A method for theory-based evaluation of user interfaces, *International Journal of Man-Machine Studies*, **36**, 5, pp. 741-773（1992）
24) Polson, P. G. and Lewis, C. H.：Theory-based design for easily learned interfaces, *Human-Computer Interaction*, **5**, 2, pp. 191-220（1990）
25) Brooke, J.：SUS：A quick and dirty usability scale, In P. W. Jordon, B. Thomas, I. L. McClelland and B. Weerdmeester（Eds.）：Usability evaluation in industry, pp. 189-194, Taylor & Francis（1996）
26) Shneiderman, B.：The eight golden rules of interface design （https://www.cs.umd.edu/users/ben/goldenrules.html）
27) Shneiderman, B., Plaisant, C., Cohen, M. S., Jacobs, S. M. and Elmqvist, N.：Designing the user interface：Strategies for effective human-computer interaction（6th edition）, Pearson（2017）
28) 黒須正明，杉崎昌盛，松浦幸代：問題発見効率の高いユーザビリティ評価法—1. 構造化ヒューリスティク評価法の提案，ヒューマンインタフェースシンポジウム論文集, pp. 481-488（1997）
29) 山岡俊樹：ヒューマンデザインテクノロジー入門—新しい論理的なデザイン，製品開発方法，森北出版（2003）
30) Ericsson, K. A. and Simon, H. A.：Verbal reports as data, *Psychological Review*, **87**, 3, pp. 215-251（1980）
31) 鱗原晴彦，古田一義，田中健一，黒須正明：設計者と初心者ユーザーの操作時間比較によるユーザビリティ評価手法，ヒューマンインタフェースシンポジウム '99（1999）
32) Chin, J. P., Diehl, V. A. and Norman, K. L.：Development of an instrument measuring user satisfaction of the human-computer interface, *ACM CHI'88 Proceedings of the SIGCH Conference on Human Factors in Computing System*, pp.213-218（1988）
33) Kirakowski, J. and Corbett, M.：SUMI：The software usability measurement inventory, *British Journal of Educational Technology*, **24**, 3, pp. 210-212（1993）
34) http://www.wammi.com/index.html
35) Nielsen, J. and Pernice, K.：Eyetracking web usability, New Riders（2010）
36) World Medical Association：Declaration of Helsinki：Ethical principles for medical research involving human subjects（2013），（http://dl.med.or.jp/dl-med/wma/helsinki2013e.pdf），（初版は1964年），（世界医師会 著，日本医師会 訳：ヘルシンキ宣言—人間を対象とする医学研究の倫理的原則（2013），（http://dl.med.or.jp/dl-med/wma/helsinki2013j.pdf））
37) 日本人間工学会：人間工学研究のための倫理指針，日本人間工学会（2009）（https://www.ergonomics.jp/official/page-docs/product/report/JES_Rinri_Guideline_20091113.pdf）
38) ヒューマンインタフェース学会：ヒューマンインタフェース研究開発のための倫理指針，ヒューマンインタフェース学会（2011）（https://www.his.gr.jp/office/ethical_guidelines.html）
39) 日本心理学会：日本心理学会倫理規程(第3版)，日本心理学会（2011）(初版は2009年)（https://psych.or.jp/wp-content/uploads/2017/09/rinri_kitei.pdf）

【参考文献】（本書執筆にあたって参考にした文献）

1) 伊藤謙治，桑野園子，小松原明哲 編集：人間工学ハンドブック，朝倉書店（2003）
2) 海保博之，原田悦子，黒須正明：認知的インタフェース，新曜社（1991）
3) 田村 博 編：ヒューマンインタフェース，オーム社（1998）
4) 重野 純：音の世界の心理学（第2版），ナカニシヤ出版（2014）
5) 松田隆夫：視知覚，培風館（1995）
6) 海保博之，田辺文也：ヒューマン・エラー―誤りからみる人と社会の深層，新曜社（1996）
7) 河原純一郎，横澤一彦：注意 ― 選択と統合，勁草書房（2015）
8) 熊田孝恒：マジックにだまされるのはなぜか―「注意」の認知心理学，化学同人（2012）
9) K. R. Boff, L.Kaufman, and J. P. Thomas：Handbook of perception and human performance, Vol. 1 & 2, Willey-Interscience（1986）
10) R. R. コーネリアス 著，斉藤 勇 監訳：感情の科学―心理学は感情をどこまで理解できたか，誠信書房（1999）
11) J. ルドゥー 著，松本 元，川村光毅 他訳：エモーショナル・ブレイン―情動の脳科学，東京大学出版会（2003）
12) P. Ekman (Ed.)：Emotion in the face (2nd edition), Malor Books（2013）
13) 黒須正明：ユーザエクスペリエンスにおける感性情報処理，放送大学研究年報，**30**, pp. 93-109（2013）
14) 日本規格協会：JISハンドブック，37-3 人間工学，日本規格協会（2013）
15) 日本規格協会：JISハンドブック，38 高齢者・障害者等アクセシブルデザイン，日本規格協会（2009）
16) 日本規格協会：JISハンドブック，61 色彩，日本規格協会（2009）
17) 「ユーザビリティハンドブック」編集委員会 編：ユーザビリティハンドブック，共立出版（2007）

索　　引

【あ】
アクセシビリティ　80
アフォーダンス　5
アブダクション　56

【い】
色の三属性　91
インスペクション法　117
インタビュー　110
インタフェース設計の
　８つの黄金律　119
インフォームドコンセント　123

【う】
ウェーバーの法則　14
ウェブアクセシビリティ　82
運動技能　41
運動残効　29

【え】
エスノグラフィ調査　112
エルゴノミクス　11
演繹的推論　53
円環モデル　70

【お】
黄金比　26
オクターブ　36
オーグメンテッドリアリティ　10
奥行知覚　27
オストワルト表色系　96
オペラント条件づけ　40
音圧レベル　34

【か】
概念メタファ　55
外発的動機づけ　68
学　習　40
学習曲線　42
仮現運動　28
可視光線　16
可聴音　33
可読性　104
加法混色　92
感覚記憶　46
観察法　112
感　情　70
　──の輪　72
感情二要因説　70
寒色系　32
感性工学　12

【き】
記　憶　45
帰納的推論　54
基本感情　71
キャノン＝バード説　70
キャラクタユーザインタ
　フェース　9

【く】
空間的注意　51
グラフィカルユーザインタ
　フェース　9
グループインタビュー　111
群化の要因　21

【け】
ゲシュタルト要因　21
減法混色　93

【こ】
行為の７段階モデル　62
光源色　30
恒常現象　19
構造化インタビュー　110
効　率　77
国際標準化機構　8
個人情報　124
古典的条件づけ　40
コマンドラインインタ
　フェース　9
ゴールダイレクテッド設計　88
混　色　92
コンテクスチュアル
　インクワイアリ　113
コンテクスチュアル設計　88
コンピュータサイエンス　12

【さ】
彩　度　92
錯　視　19
錯　聴　38
三原色　92
参与観察法　112

【し】
ジェームズ＝ランゲ説　70
色覚異常　30
色彩調和理論　97
色　相　92
色相環　92
思考発話法　120
自然観察法　112
実験観察法　112
実世界指向インタフェース　10
質問紙調査　107
シナリオ法　115
視認性　104
集中学習　42
受動的注意　49
条件反射　40
情報アクセシビリティ　82
心理学　11

【す】
スキーマ　46
スティーブンスのべき法則　15
スリップ　58

【せ】
選択的注意　49

【そ】
創造的思考　56

【た】

対比	20
多層防御	61
ダーティプロトタイピング	117
段階説	30
短期記憶	47
暖色系	32

【ち】

注意	49
長期記憶	47

【て】

デザイン思考	88
デジュールスタンダード	8
デファクトスタンダード	8
デプスインタビュー	111
転移	43

【と】

同化	20
透過色	30
動機づけ	66

【な】

内発的動機づけ	68
ナチュラルユーザインタフェース	10

【に】

日本工業規格	8
日本産業規格	8
人間工学	11
人間中心設計	86
認知工学	12
認知的ウォークスルー法	118
認知的評価理論	70
認知バイアス	52

【ね】

音色	37

【の】

能動的注意	49

【は】

白銀比	26
速さと正確さのトレードオフ	60
半構造化インタビュー	110
反対色説	29
反転図形	20
反応時間	43

【ひ】

非構造化インタビュー	110
非参与観察法	112
比視感度	18
ヒックの法則	43
ヒック-ハイマンの法則	44
ピッチ	36
ヒューマンインタフェース	1
ヒューマンエラー	58
ヒューマンコンピュータインタラクション	2
ヒューマンマシンインタフェース	2
ヒューリスティック	52
ヒューリスティック法	117
表情	73
表面色	30

【ふ】

フィッツの法則	44
フィールド調査	112
フェイルセーフ	61
フェヒナーの法則	14
物体色	30
プラトー	42
フールプルーフ	61
ブレインコンピュータインタフェース	10
ブレインストーミング	113
ブレインマシンインタフェース	10
プレグナンツの法則	22
プロトタイプ	116
分散学習	42

【へ】

ペーパープロトタイピング	116
ペルソナ法	115

【ほ】

補完	25
ポップアウト効果	51

【ま】

マルチモーダルインタフェース	10
マルチモーダル知覚	38
マンセル表色系	93
満足度	77

【む】

無彩色	92

【め】

明度	92
メタファ	55
メンタルモデル	5

【も】

モデルヒューマンプロセッサ	64

【や】

ヤーキーズ・ドッドソンの法則	59

【ゆ】

有効さ	77
有彩色	92
誘導運動	29
ユーザ	78
ユーザインタフェース	2
ユーザエクスペリエンス	82
——のハニカム構造	84
ユーザ中心設計	86
ユーザ調査	107
ユーザテスト	120
ユーザビリティ	75
ユーザビリティ工学	76
ユーザビリティ10原則	117
ユーザビリティテスト	120

【よ】

欲求階層説	66

【ら】

ラウドネス	35

【り】

リッカート法	107
利用時の品質	79

【る】

類推	54

【わ】

ワーキングメモリ	48

【A】

abduction	56
accessibility	80
achromatic color	92
Activation-Trigger-Schema system	58
active attention	49
additive mixture of color	92
affect	70
affordance	5
analogy	54
apparent movement	28
assimilation	20
ATS 理論	58
attention	49
audible sound	33
auditory illusion	38
augmented reality (AR)	10

【B】

basic emotion	71
brain computer interface (BCI)	10
brain machine interface (BMI)	10
brainstorming	113
brightness	92

【C】

Cannon-Bard theory	70
character user interface (CUI)	9
chroma	92
chromatic color	92
circumplex model of affect	70
classical conditioning	40
CMYK 表色系 (CMYK color model)	96
cognitive appraisal theory	70
cognitive bias	52
cognitive engineering	12
cognitive walkthrough	118
color harmony theory	97
color vision deficiency	30
color wheel	92
command line interface (CLI)	9
completion	25
computer science	12
concentrated learning	42
conceptual metaphor	55
conditioned reflex	40
constancy phenomenon	19
contextual design	88
contextual inquiry	113
contrast	20
cool colors	32
creative thinking	56

【D】

deductive reasoning	53
de fact standard	8
defense in depth	61
de jure standard	8
depth interview	110
depth perception	27
design thinking	88
dirty prototyping	117
distributed learning	42

【E】

effectiveness	77
efficiency	77
emotion	70
ergonomics	11
ethnography research	112
experimental observation	112
extrinsic motivation	68

【F】

Facial Action Coding System (FACS)	73
facial expression	73
fail-safe	61
Fechner's law	14
field study	112
Fitts' law	44
foolproof	61

【G】

gestalt principle	21
goal directed design	88
golden retio	26
graphical user interface (GUI)	9
group interview	111

【H】

heuristic	52
heuristic evaluation	117
Hick-Hyman law	44
Hick's law	43
hierarchy of needs	66
hue	92
human centred design (HCD)	86
human computer interaction (HCI)	2
human error	58
human factors	11
human interface (HI)	1
human machine interface (HMI)	2

【I】

induced movement	29
inductive reasoning	54
information accessibility	82
informed consent	123
International Organization for Standardization	8
interview	110
intrinsic motivation	68
ISO	8

【J】

James-Lange theory	70
Japan Industrial Standards	8
JIS 規格	8

【K】

kansei engineering	12
KJ 法 (KJ method)	114

【L】

law of prägnanz	22
learning	40
learning curve	42
legibility	104
lightness	92
light source color	30
Likert scale method	107
long-term memory	47
loudness	35

【M】

memory	45
mental model	5
metapher	55
mixture of color	92
model human processor	64
motion aftereffect	29
motivation	66
motor skills	41
multimodal interface	10
multimodal perception	38
Munsell color system	93

【N】

natural observation	112
natural user interface (NUI)	10
non-participant observation	112

【O】

object color	30
observation	112
octave	36
operant conditioning	40
opponent-color theory	29
optical illusion	19
Ostwald color system	96

【P】

paper prototyping	116
participant observation	112
passive attention	49
PCCS 表色系	94
personal information	124
personas method	115
pitch	36
plateau	43
pop-out effect	51
Practical Color Co-ordinate System	94
principles of grouping	21
prototype	116
psychology	11

【Q】

quality in use	79
questionnaire for user interface satisfaction (QUIS)	122
questionnaire survey	107

【R】

reaction time	43
real world oriented interface	10
reversible figure	20
RGB 表色系（RGB color model）	95

【S】

satisfaction	77
scenarios method	115
schema	46
SD 法	109
selective attention	49
semantic differential scale method	109
semi-structured interview	110
sensory memory	46
SHEL model	60
SHEL モデル	60
short-term memory	47
silver ratio	26
slip	58
software usability measurement inventory (SUMI)	122
sound pressure level	34
spatial attention	51
spectral luminous efficiency	18
speed-accuracy trade-off	60
SRK model	63
SRK モデル	63
Stevens' power law	15
structured interview	110
subtractive mixture of colors	93
surface color	30
system usability scale (SUS)	75, 118

【T】

Test-Operate-Test-Exit	62
the eight golden rules of interface design	119
the five planes	83
the seven stages of action model	62
think aloud	120
three attributes of color	91
three component theory	29
three primary colors	92
timbre	37
TOTE	62
transfer	43
transparent color	30
two-factor theory of emotion	70

【U】

unstructured interview	110
usability	75
usability engineering	76
usability inspection method	117
usability test	120
user	78
user centered design（UCD）	86
user experience（UX）	82
user experience honeycomb	84
user interface	2
user survey	107
user test	120

【V】

value	92
visibility	104
visible light	16

【W】

warm colors	32
web accessibility	82
Weber's law	14
website analysis and measurement inventory (WAMMI)	122
wheel of emotions	72
WIMP インタフェース	9
Windows-Icons-Menus-Pointer Interface	9
working memory	48

【X】

XYZ 表色系（XYZ color model）	95

【Y】

Yerkes-Dodson's law	59

【Z】

zone theory	30

【数字】

3 色説	29
5 階層	83
10 usability heuristics	117

―― 著者略歴 ――

1985年　九州大学文学部哲学科卒業
1992年　九州大学大学院文学研究科博士後期課程単位取得退学（心理学専攻）
1992年　九州大学助手
1994年　長崎大学講師
1995年　博士（文学）九州大学
1996年　九州大学大学院助教授
2007年　九州大学大学院准教授
2009年　九州大学大学院教授
　　　　現在に至る

ヒューマンインタフェース
Human Interface　　　　　　　　　　　　　　　　　　　　　Ⓒ Kazunori Shidoji 2019

2019年9月18日　初版第1刷発行　　　　　　　　　　　　　　　　　　★

著　者　志堂寺　和　則
発行者　株式会社　コロナ社
　　　　代表者　牛来真也
印刷所　新日本印刷株式会社
製本所　有限会社　愛千製本所

112-0011　東京都文京区千石 4-46-10
発行所　株式会社　コロナ社
CORONA PUBLISHING CO., LTD.
Tokyo Japan
振替00140-8-14844・電話(03)3941-3131(代)
ホームページ　http://www.coronasha.co.jp

ISBN 978-4-339-02897-3　C3055　Printed in Japan　　　　　　　（森岡）

〈出版者著作権管理機構 委託出版物〉
本書の無断複製は著作権法上での例外を除き禁じられています。複製される場合は，そのつど事前に，出版者著作権管理機構（電話 03-5244-5088，FAX 03-5244-5089，e-mail: info@jcopy.or.jp）の許諾を得てください。

本書のコピー，スキャン，デジタル化等の無断複製・転載は著作権法上での例外を除き禁じられています。
購入者以外の第三者による本書の電子データ化及び電子書籍化は，いかなる場合も認めていません。
落丁・乱丁はお取替えいたします。